生态规划理论译丛

实践生态学

〔美〕丹·帕尔曼　杰弗里·米尔德　著

李　雄　孙漪南　译

中国建筑工业出版社

著作权合同登记图字：01—2008—1962号

图书在版编目（CIP）数据

实践生态学 /（美）丹·帕尔曼，（美）杰弗里·米尔德著；李雄，孙漪南译. —北京：中国建筑工业出版社，2017.3

（生态规划理论译丛）

ISBN 978-7-112-20032-0

Ⅰ.①实… Ⅱ.①丹… ②杰… ③李… ④孙… Ⅲ.①生态学 Ⅳ.①Q14

中国版本图书馆CIP数据核字（2016）第257653号

Practical Ecology / Dan L.Perlman, Jeffrey C. Milder

Copyright © 2005 Lincoln Institute of Land Policy

Translation Copyright © 2017 China Architecture & Building Press

本书由美国Island出版社授权翻译出版

责任编辑：张鹏伟　姚丹宁
责任校对：李欣慰　姜小莲

生态规划理论译丛
实践生态学
[美]丹·帕尔曼　杰弗里·米尔德　著
李雄　孙漪南　译
*
中国建筑工业出版社出版、发行（北京海淀三里河路9号）
各地新华书店、建筑书店经销
北京锋尚制版有限公司制版
北京中科印刷有限公司印刷
*
开本：787×1092毫米　1/16　印张：16¼　插页：8　字数：304千字
2017年3月第一版　2017年3月第一次印刷
定价：58.00元
ISBN 978-7-112-20032-0
（29510）

关于林肯土地政策协会（the Lincoln Institute of Land Policy）

　　林肯土地政策协会（the Lincoln Institute of Land Policy）位于马萨诸塞州（Massachusetts）剑桥市（Cambridge），是一个成立于1974年的公益教育机构，致力于土地政策研究——包括土地经济学和土地税务。学院主要由林肯基金会（Lincoln Foundation）资助。该基金会是由克利夫兰市（Cleveland）的实业家约翰·C·林肯（John C. Lincoln）于1947年建立。

　　林肯学院通过组织学者、决策者、实业家和具有不同背景、经历的市民进行研讨，来提高土地政策相关问题讨论的质量，并交换对于复杂的土地税收政策的见解和看法。学院并不持有某个特点的观点，而是促进针对不同观点讨论分析的催化剂——为了创造一个不一样的今天，并帮助政策制定者们规划明天。如果想了解更多信息，请登录：www.Lincolinist.edu.

致谢

本书的出版得益于很多人的付出、支持和帮助。对此我们深表感谢。林肯土地政策协会的阿尔曼多·卡博尼奥（Armando Carbonell）建议我们写本书。同时林肯协会为我们提供了有力的支持，并在成书的各个阶段让我们获益良多。林肯协会的安·里约尔（Ann LeRoyer）和丽莎·克罗提尔（Lisa Cloutier）提供了有价值的建议，对于本书的完成帮助很大。岛屿出版社（Island Press）的编辑韩瑟尔·博伊尔（Heather Boyer）在完成稿中前最后几个月热心地帮助我们。艺术家，丽莎·莱曼布鲁尼（Lisa Leombruni），在工作中展现出了非凡的努力、能力和创造力；我们感谢她将自己的天赋、奉献精神和耐心投入到本书中。

早在本书筹划之初由麦克·宾福德（Michael Binford）、彼得·保罗克（Peter Pollock）、弗雷德里克·斯坦纳（Frederick·Steiner）和琼·威顿（Jon Witten）组成的咨询委员会阅读了本书的初稿并帮助构建了本书下一阶段的框架。我们对于这些顾问的所付出表示感谢，并希望读者也能意识到他们的付出所产生的巨大价值。

我们还要感谢那些阅读了本书修改稿之后提出意见帮助我们改进书稿的人：珍妮·阿姆斯特朗（Jeanne Armstrong），理查德·T·T·福曼（Richard T.T.Forman），艾丽莎·K·真维特（Eliza K. Jewett），罗伯特和吉尔·米尔德（Robert and Gail Milder），罗伯特·帕尔曼（Robert Perlman），克里斯多弗·瑞恩（Christopher Ryan），弗雷德里克·斯坦纳（Frederick·Steiner）和戴维·托比阿斯（David Tobias）。最后，感谢那些慷慨地提供有价值的实际规划、设计和案例的人：史蒂芬·阿普费博姆（Steven Apfelbaum），杰·C·周（Jae C. Choe），丹·库珀（Dan Cooper），艾德·杜波（Ed Dobb），罗伯特·O·劳顿（Robert O.Lawton），艾娃罗斯·斯考路德（EveroseSchluter），琼·西索（Jon Sesso），弗雷德里克·斯坦纳（Frederick·Steiner）和戴维·托比阿斯（David Tobias）。

就像曾经出过书或者以写作为生的人所熟知的那样，那些与作者生活在一起的人们值得本书最高的赞颂。诺娃·埃博拉汉玛（Nora Abrahamer），吉米·埃博拉汉玛·帕尔曼（Jeremy Abrahamer Perlman）和妮娜·孔给予我们宝贵的写作时间，并在最艰难的时候支持我们。没有你们，我们不可能完成这本书。你们的成就与我们一样重要。

那些曾经帮助过我们完成本书的人，谢谢你们！

前言

美国和加拿大的总人口年增长量超过35万。人们对于住房、车辆、道路、食品、木材产品和休闲活动的需求不断增长。与之同时增长的还有我们对土地及能源的需求。随着人类世界的扩张，我们给乡土物种和生态系统剩余的空间和资源越来越少，使自然世界受到破坏。我们对于人和自然和谐关系的破坏也伤害了我们自己。火灾、洪水和毁灭性的飓风等自然灾害每年都夺取了很多人的生命也造成了数十亿美元的经济损失；1995～1997年间，美国每周遭受的自然灾害都会造成10亿美元的经济损失。更不幸的是，这一代儿童的成长远离了自然带来的智慧、快乐和精神健康。

一些环保主义者会通过放弃一部分景观并将其作为与人隔离的自然保护区来处理这个危机。但是区域保护的方法不能解决人类居住和土地使用的问题。在这些区域里的挑战是通过在大型驯化景观中保留生态价值而达到人类和自然双赢。规划者、设计师和开发人员必须处在这项努力的最前线，因为他们用不同方式改变景观的活动从来都不是自然中立者。如果这些专业人员不去有意识地让生态学的观点被世界听到，那么他们平时的努力稍有疏忽，就会创造出一个毫无价值的且有潜在危险的世界。

本书为那些倾向于认为生态问题还很遥远而只考虑现实利益和上司命令的人，列出以下问题：

- 自然生态系统每年提供给人类价值数万亿美元免费"服务"——例如控制洪水和水资源净化——如果这些生态系统严重退化，就将需要大量的工程和公共经费来弥补。
- 在设计一个社区时如果没有认真研究自然生态系统的进程，那么人类就是将自己的健康安全暴露在飓风、野火、有害生物和其他自然威胁之下。
- 在城中或郊区保存一部分自然区域能够提高土地价值、生活质量和社会满意度，因此会增加土地开发者的收益并提高社会乃至区域的竞争力。
- 在国家和地区的投票中，市民一致认为应该优先考虑环境保护。忽视这一问题的候选人将处于劣势。

这本书是写给那些已经准备好迎接美国和加拿大人类社会与自然和谐关系挑战的人。不论他们是专业的土地利用规划者，还是当地规划委员会的成员、风景园林师、想进行更多生态设计项目的民间工程师、开发者，或者希望建立或投资一个更加环保的开发项目的领导者，抑或是有意提升他们所在城镇或区域的市民。我们着眼于以生态学为基础的土地利用规划和景观设计中的两个核心的目标：（1）在景观中引导人类的活动来保护本地物种和良好生态系统；（2）促进社区的活力，使其能从周围的生态系统中获利并对人类的健康安全起到保护。为了帮助读者实现这些目标，本书介绍了生态学和生物保护学的关键概念，这些都益于以尊重自然为前提来营造社区。

书中所展示的这些材料，一定会使读者们沉浸在数据的乐趣中，虽然略有些复杂，甚至需要一些生态学背景的规划设计知识，但是我们不会涉及过于庞杂的背景知识。这本书的主要目的是整理和展示那些有助于解决专业土地利用和市民常见问题的相关科技信息。我们也会保证读者们会对利用生态学家和保护者们在过去的几十年里研究来制定土地使用规划、设计及决策感兴趣。因此，这本书并不是劝告大家保护自然，而是告诉大家在土地利用和土地发展中如何应用的实践范例。

如何应用本书

本书分三个部分将读者从理论引向实践，但是这些都是通过紧密利用科学信息规划和设计的实践活动来实现的。第一部分介绍了生态学思维方式的范例及其与普通规划方法的区别。我们接着研究了生物世界和人类之间的关系基础：什么是生物多样性？为什么生物多样性很重要。当人类的活动不遵循自然系统法则时会发生什么？人类如何在已经受到机遇与变革影响的自然世界种植有价值的植物？

第二部分是生态系统和生物保护的简要介绍，着重放在那些与规划者、设计者、开发人员和其他对土地开发利用感兴趣的人紧密相关的内容上：自然如何随着时间变化而变化？这些变化是否可预测？这些变化对规划有何意义？生物体和物种是如何与自然相互作用的？是什么造成了植物和动物数量的繁荣、稳定和灭绝的？最后，如何处理如城市、农场、道路、自然保护区等景观要素，而这些景观要素又是如何影响生态学社会的形成与功能？

本书的最后一部分讨论了生态学理论是否能成为前面讨论的目标的依据：提高人类影响景观的生态学完整性，确保人类能够从中获利却不受本地生态系统的威胁。这一部分从大尺度项目开始，检验应该应用于自然保护区设计的因素以及使人类、生态学与整个景观融为一体的方法。然后我们开始阐述社区和场地尺度，如小型公园和自然空地的设计，还有管理和修复土地的技术。接下来我们展示了大量的从生态学角度出发的实践规划和设计技术。结论章节是一个规划实践项目，以便于让读者实践本书所涉及的知识。

本书浓缩了大量可利用的信息。为了强调和便于引用，重要的概念在灰色的方块内进行了进一步提炼阐述。这种格式设计是专门为了方便土地利用专家和市民们检索，为生态学及其应用提供一个简明扼要的总览。但是简介就意味着很多话题没有在其中提到。我们鼓励读者通读本书来获取这些话题更多的相关内容。

我们希望这本书可以帮助规划师、设计师、开发商和希望能将自己的工作与自然变得更加协调，希望将生态学理论与自己工作相融合的市民们。通过关注他们所从事领域的生态学，土地利用专家们能为人和所有共同生活的生物们创造出更加富饶、健康的世界。

目录

第一部分
人类、自然及其相互作用

　　所有的生物生活在生态社区，就像所有的人都生活在人类社会的生态社区中一样，我们无法脱离自然世界而生存。在本书的第一部分，我们考虑了人类和他们所居住的生态背景之间的某种关系，同时我们也开始探索人类如何能更好地或较差地操纵这些关系。

　　第1章主要探讨了如果我们仔细规划人类和生态群落之间的相互作用，自然能为我们做什么，以及如果我们不谨慎对待自然，自然将会如何反馈人类。除此以外我们还强调了环境的重要性和必要性，以超越官方规划领域界限的思想来打造以生态为基础的规划和设计。

　　在第2章中，我们介绍了地球的生命组成，统称为生物多样性。生物多样性是众多生物学家的关注焦点，他们试图去理解有机体之间和它们的物理环境之间是如何相互作用的。而自然资源保护主义者则是决定如何最好地保护生物多样性。我们探讨为什么规划者、设计者、开发商和公民想要保护生物多样性的原因不同，以及一个地区的原生生物多样性特别重要的原因。

　　人类所生活的环境对他们有着显著的影响，随着时间的推移，这种影响可能会导致整个文明的兴衰变化。第3章讨论了不同类型的人类活动的影响并奠定了我们思考如何能够减轻这些影响的基础。

第1章

人类的规划

"一个人，一个计划；一条运河：巴拿马。"

回文描述巴拿马运河的创建

"我又转念，见日光之下，快跑的未必能赢；力战的未必得胜；智慧的未必得粮食；明哲的未必得资财；灵巧的未必得喜悦。所临到众人的是在乎当时的机会。"

《圣经·传道书》9章11节

在过去的几千年里，人类的足迹已经遍布全球。在这200多万年的变化进程中，我们通过建设运河、在不同纬度的地区砍伐森林、改变地球的气候，最终改变了地球的面貌。随着人类社会的发展，我们改造了自然世界。然而伴随着我们先进的技术，我们常常忘记威胁自然同时反过来自然也在威胁着我们。

当我们拓展自己的景观时，我们会进行规划。有时候，我们的规划是明确的、经过深思熟虑的文件，但有时它们是隐式的思想，比如："如果我在这里创建一个农场，它将供产多年"或"如果我们在这里建造一座小城，这将是一个安全的居住场所"。规划带给我们一种关于未来的安全感，也会加强我们可以控制居住场所景观的想法。图纸和精心准备的话语描绘出一个特定的场景：如果我们按照规划来实施，将来就会变成这个样子。然而，这些规划可能会在两方面产生误导。

首先，大多数规划焦点主要集中在他们所规划的区域。虽然规划师可能会考虑研究区域之外的道路和人类社会的其他方面的问题，但是他们很少考虑研究区域之外的生态问题。我们主要关注某个研究区域特定的地形（包括规划）或研究区域之外的地形（通常被忽略）。事实上，大多数规划几乎很少涉及研究区域以外的因素，这个区域就好像是一个地区上空独立漂浮的岛屿（图1-1）。

其次，规划和设计的过程往往是建立在假设人类完全控制了研究区的未来之

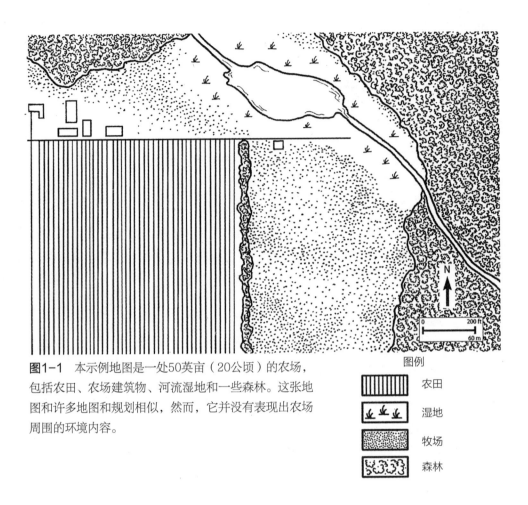

图1-1 本示例地图是一处50英亩（20公顷）的农场，
包括农田、农场建筑物、河流湿地和一些森林。这张地
图和许多地图和规划相似，然而，它并没有表现出农场
周围的环境内容。

图例

农田

湿地

牧场

森林

上。一个精心设计的规划是一个预测，近乎是一个合同：规划告诉一个地区的居
民如果按照规划来实施他们的小块土地或社区就会变成特定的样子。作为一个结
果，计划通常只描绘一个或极少数的未来状态。另一方面生态科学认识到"所临
到众人的是在乎当时的机会。"是的，我们可以规划和预测，但是尽管我们"规
划"的文字和图像看似可靠，我们不能保证场地的未来会按此发展。自然世界充
满了偶然事件，随着时间的流逝其自身也会发生变化。

下面的两个案例研究探讨了全人类的企业和工作性质之间的规划关系。这些例
子表明，规划师、设计师、开发商应该好好考虑时间带来的影响、生态偶然事件和
生态进程中发生超出其规划区域的事件。通过考虑这些因素，我们可以制定合理的

规划，获得重大利益，避免重大问题。忽略这些因素，我们就要承担在自然运行过程中产生的高昂风险或悲惨的后果。

纽约市的水系

自19世纪中期开始，纽约市发展成为全世界具有最好的供水质量、最可靠的创新管理方法的城市之一。每一天，城市的供水系统为900万人供应1300万加仑的饮用水。这些水通过美联储1969平方英里（5099平方公里）分水岭沿线的十九个水库和湖泊系统，送达北部超过100英里（160公里）的城市。最显著的是这个供水系统的基础奠定于1835年，距今近两个世纪。今天，几乎纽约所有的水还是来自北部的分水岭，对它进行的处理主要是用氯化杀死有时处于低水平的病原体。

在1974年安全饮用水法案的基础上，美国国家环境保护局（EPA）于1989年颁布了地表水处理规则。根据这些规则，纽约市将不得不开始首次过滤其整个食用水供应系统。按照城市市场价格，该过滤装置的成本将花费60亿~80亿美元，城市居民用水价格也会增加一倍。相反，在整个90年代早期和中期，纽约市和美国国家环境保护局制定替代大部分过滤供水：这座城市会通过帮助城镇污水处理设施升级和保护在分水岭的关键部分上千英亩的土地来改善流域的水质。截至本书成稿时，这座城市已经在北部水域购买或获得超过50000英亩（20000公顷）土地的保护管理交易权。纽约市已经承诺了超过2.9亿美元的土地征用计划，除此以外城市、州、联邦政府在流域项目上花费了总计14亿美元。

美国国家环境保护局（EPA）和纽约市之间的协议最显著的特点是官方共同认可自然可以为人类重要的生态系统服务。双方认识到，通过适当的管理，自然可以和纯粹的技术手段一样，提供同等安全的饮用水，如此就不用坚持建造庞大的过滤设备。除此之外，这种基于分水岭的水质净化方法还可以保护到达纽约市沿途近几个小时的乡村景观。

许多养殖场仍将继续商业活动，人们被允许在纽约市大部分地方远足、钓鱼、打猎。在19世纪初，纽约认识到其水资源即将到达极限，市政当局开始在境外寻找并创建一个引人注目的供水系统。在20世纪末期，城市的发展看上去超出其国界、超越人类技术的局限性，设想一种人类保护自然区域的方式，来帮助人类和无数生物生活在景观当中。这个例子提供了以下经验：

- 有时我们是通过让大自然更好地服务来满足我们的需求，而不是通过使用工程技术来达到这个目的。当我们保护和维持健康的生态系统时，人类可以收获显著的健康和经济利益。
- 通过预留部分自然土地来达到某一目的，如本案例中是为了提供安全饮用水，人类和生态群落可能在其他方面受益。流域土地保护了许多该地区社区的乡郊特色，以及高品质的乡土植物栖息地。

同时，超越场地边界的限制可以有助于定义自然提供的服务和带来的效益，开阔的视野也可以帮助人们避免一些自然带来的问题。这也是下一个案例研究要说明的。

科罗拉多的火灾

几年前，一些朋友在科罗拉多购买了松木房子。这个小社区所在的派克国家森林已经变成了丹佛的公路边上扩大城市容量的温床。周围青松岭上满是成熟的松树林，不仅风景诱人并且拥有着惊人的完整的生态群落，包括黑熊、麋鹿、骡鹿、狼，甚至还有狮子。这里到丹佛来回都不到一个小时的车程。这个生态系统提供了风景秀丽的休养胜地，无疑有助于让购房者产生在这里定居的渴望。

然而，这个生态系统并不完全是良性的。虽然朋友的几套房子看上去好像在郊区，附近也有几所房子可见，但很多孩子在黄昏或黎明都不在外面玩，因为可能会受到野生狮子的威胁。这个生态系统中主要的品种不是大型的哺乳动物物种，而是黄松。黄松占主导地位的生态系统存在一个最大的问题就是火灾。

黄松森林很容易频繁但轻微起火，烧干净灌木丛后留下生长成熟的树木。然而在长期防范火灾的地区灌木丛的数量已经积累到一定程度了，如在美国西部，发生的火灾就十分严重。现今这种破坏性的消防制度，使得大火不但吞噬了那些茂密生长的黄松，如果火势越来越大，破坏性的大火能烧死最高大的树。

2000年6月，HI草甸大火呼啸地掠过农田和松林。10800英亩（4400公顷）的大火烧毁了58处建筑，包括可以从朋友的露天平台上看到的几套房子，消防队员将火势控制在距他们的房子30英尺的地方（彩图1）。松林火灾为我们提供了一些重要的经验教训：

- 了解你规划或设计的地方的生态过程。开发商需要了解当地的生态系统的功能，然后创建新的黄松森林细分方法，地方规划委员会也批准这种细分方法。这同样适用于整个大陆的生态系统。
- 周边环境是非常重要的。区域之外的事物可以提升其经济效益、生态价值、游憩价值或景观价值，但它也可以威胁到健康、安全和财产。
- 考虑现场周围土地未来可能的样貌。这包括由人类带来的变化，也可能是自然带来的变化，以及那些通过人类和自然相结合作用产生的原因引发的变化。
- 以谦卑的态度规划。自然的力量让我们有时无法去掌控它。

纽约市和黄松林两个例子表明当我们规划未来的时候，我们需要将目光放得远一些，如同纽约水系统的规划师们所做到的那样，但是黄松森林的设计师们并没有充分考虑到这一点。

换个方式思考未来

规划师、设计师、生态学家和环保人士都关心在未来发展中景观会变成什么样子，具有什么功能，众多专家都在尝试用不同的方法来塑造未来。但是不同行业由于其工作背景不同、具有不同的问题意识，往往会以非常不同的方式看世界（表1-1）。在湿地建造房屋的开发商知道他们可能会受到法律的惩罚，很多房屋可能会因为过于潮湿而不宜使用。相反，规划师最关心的可能是湿地的发展将如何影响那些在湿地下游生活的人。生态学家和森林保育专家常常更关注非人生物发展所带来的影响，一些规划师、设计师以及开发商只在湿地中生活了一段时间，在这段相对短的时间内他们通常只在限定的地理区域内工作。

在考虑一个区域的未来时，设计师和开发商普遍认为他们只能够改变不临近边界部分的区域。同样，规划师只能在他们负责的区、县、市、国家规划或省管辖工作，不能去规划区域以外的地方。当然，许多土地规划聘请专业人士，让他们在更大的范围来考虑设计内容。例如，规划师兰达尔·阿伦特（Randall Arendt）在他的《Growing Greener》书中表明设计师创建区域背景时，常常会拓展到红线外1000～2000英尺（300～600米），这远远超出了自己设计的范围。但即使拓展了这么大的面积，也无法完全发现重要的生态过程，例如在2002年6月9日发生的科罗拉多海曼火灾，蔓延了整整17英里（27公里），而火势只需要四分钟就可以蔓延半英里（0.8公里）。

相比之下，生物学家意识到在一个区域边界外部的每一块土地都能够让我们了解自然带来的影响：物理过程的影响，如火灾和风；生物的影响，如虫害、外来物种入侵。他们也会考虑这个地方过去是什么样子的，并且会设想如果没有人类的介入这个地方未来会变成什么样子。另一个重要的区别是对未来事件的准确预期。与生态实践的习惯不同，为了创建一个具体的地区建设方案，规划师和开发商常会涉及契约和准契约关系。开发商通常与贷款人和设计师签有合同，有时与土地所有者以及未来住户也会签合同。反过来，开发商和地方政府也有一个明确的合同：只要开发商遵循其分区法规以及建筑法规和其他适用的法规，开发商就可以在社区内进行建设。这些分区法也带来了一些居民和规划者以及其他社区官员之间隐含的契约，最终达到建立和维护一个安全、健康的社区。

然而自然是不受合同约束的。事实上，生态学家几乎从不试图去预测未来，并意识到他们提出的一般规则在广义上讲通常只适用在很长一段时间中。生态学家们常说，生态学第一定律是"看情况"。在对未来的思考中，生态学家常会讨论什么是一定会发生的，什么是可能会发生的。生态系统太复杂，包含了许多相互作用的变量，使得我们无法对未来有一个准确的推断。生态学家告诉我们，只有我们知道该区域的历史，并且了解该地区景观的生态变化模式，以及当地的基本信息才有可能推断出未来会发生哪些事情。在这方面，生态系统就像天气一样：在一个层面上，他们是确定的，可以通过物理和化学的基本规律的控制，但他们都太复杂，无法让人深入了解每一个部分都是怎样运作的。相反，我们运用观测和理论知识相结合的方法可以进行推断和预测，随着时间的推进来提高我们的预测能力。在目前这种水平下，生态环境的预测确定性低，一个规划师能设计出可以保持公共成员安全的隐含性契约吗？

　　虽然在短时间内我们无法捕捉到所有行业的细微差别和复杂性，但是在我们的假设中大的差异和方法已经确定了。在生态保护的世界中只有物种灭绝被明确定义为一个产权边界或者一纸税单。但是物种灭绝的确定性以及终局性推动了很多保护工作。尽管产权边界或者税单可以改变，但是物种灭绝不可以扭转。

不同专业学科的不同观点　　　　　　　　　　　　　　表1-1

查看土地的方式	开发商和设计者	规划师	生态学家和自然资源保护论者
可预见性事件	事件是相对可预测的；未来将由今天的行动塑造。人类的系统，如法律、产权和金融市场，都可以提供一个大的可预见性的措施	未来事件一般可以从当前人类的政策和活动来预测，但这些可以相互作用的复杂方式会产生意想不到的结果	未来会出现意想不到的惊喜，不可预知的生态事件（历史模式）可以塑造景观。生态学第一定律是"看情况"
历史地位	假设一个明确的主题，并且没有污染，在决定一个区域要如何使用时历史因素是不太重要的	我们应该从历史中学习（在某些情况下，尽量保持其传统性），但我们可以自由地创造自己的未来	一个区域的生态史的可能会成为限制其未来发展的重要因素
界限	区域有明确的建筑红线划分界限	权力和区域有明显的界限，虽然在不同的层面可能重叠或一致	边界不清；影响延伸到人为和自然的界限；不同生物拥有不同的边界

在精神层面上的规划

　　为了能够意识到场所生态层面在时间和空间上的重要性，我们回到图1-1所示的一处假设存在至今的场地。当前，该场地面积为50英亩（20公顷），其中约有30英亩的农场和耕地，10英亩的森林，7英亩的池塘、河流及湿地，还有3英亩的道路和建筑。通常情况下，开发商和设计师针对上述场地的工作会考虑人的层面，例如道路、学校的选址以及附近土地的利用，当然还有诸如行政区划、所有权价值，以及不同的市场化开发方案。但是场地的生态层面呢？分析一个系列的三张图可以看出每一张显示了在不同生态层面的场地状况（图1-2）。这些不同的层面对场地本身产生了深远的影响。

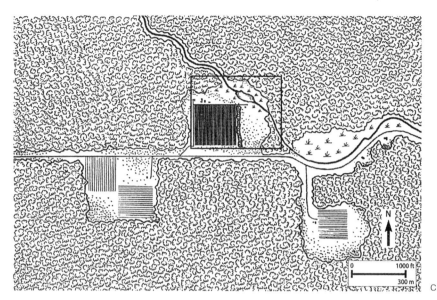

图1-2　这三张图显示了关于图1-1中场地的三种不同因素。每一种因素都可能影响规划师和开发商对中部的50英亩（20公顷）土地的不同评估。

例如

- 场地东部和北部的森林板块与其他的森林是连续的还是独立的呢？在所有三种情况中，森林与更大的森林是相连续的（图1-2）。在图1-2a中，场地东部的森林在链接两个大森林区域的栖息地廊道中起着至关重要的作用。在图1-2b中，场地的东部森林为农业用地及湖泊生态系统之间缓冲区的组成部分。场地北部为一块小的森林板块的组成部分，该板块可能是一片方便鸟类飞过的栖息地"垫脚石"，也有可能是一片相对不重要的栖息地。在图1-2c中，场地中的森林仅仅只是大片森林的很小一部分，尽管如此东部的板块帮助缓冲了河流原本的径流轨迹。场地内森林的北部板块很可能存在着些许生态效益。

- 场地内包括了哪几种森林呢？在哪里生长着哪些树种？是否存在着对树种健康的种种威胁（例如，在美国东部被害虫杀死的铁杉，或者像在加利福尼亚灭绝的其他物种）？我们无法从这些单独的地图中断定这片森林的年代、状况或者功能，但是一位生态学家或者森林探险家有可能在勘查这片场地之后回答这些问题。

- 在森林中有哪些主导的进程——例如，火灾、狂风或者山体滑坡？这是尤其重要的问题，如先前讨论过松树的案例明确的那样。在图1-2c中，场地被森林环绕；如果这片森林火灾频发（例如科罗拉多的北美黄松林那样），那么这块场地将受到来自四面八方的火灾的威胁。

- 在更大的地域中农业用地起到了什么作用？在图1-2a中，场地中的农田是不断增长的郊区中唯一的一块。农业也许是该区域历史中重要的一部分，而且这块特殊的农田也许发挥着唤回过去记忆的重要作用。在图1-2b中，这块农田只是该区域中的数块农田之一，因此这里没有特别的理由将其保存成农业用地。

所有这些问题与地块的开发或保护甚至这两者都密切相关。例如，如果在该地区火灾十分常见，那么设计者必须找出保护这个场地内被计划开发的区域免受火灾的危害的方法。如果该场地毗邻保护用地或者森林是在农业地域中少数的天然生产林，那么它也许具备重要的保护价值。另一方面，如果该场地毗邻大都市，它可能是下一个能够有序发展并合乎逻辑的地方。图框1-1揭示的是考虑规划场地时的一些用于土地合理利用的关键生态因素。

这些地图中显现的简单例子突显了本书的主题：语境常常很重要，如果离开对这些语境的理解，创造出能够充分保障人类和生态系统的方案是不可能的。正如景观生态学家理查德·福尔曼在他的书《大地马赛克》（Land Mosics）中的序言所写："将土地独立于周围环境是简单无能抑或低能的工作……而且，因为我们知道这是错误的……这样的做法是不道德的。"

保障人类社会：生态尽职调查

当人们打算搬进一个新的小区，他们不仅会考虑这个他们正在购买或者租赁的房子或公寓的条件或者设施，而且还会考虑这个小区是否安全、便利、是否受欢迎。规划师，设计师和开发商竭力打造在这些方面吸引人的小区或生活空间。

一些"生态小区"安全且受欢迎，他们提供干净的水和具有防洪功能的生态系

图框1-1
理解你研究邻域的生态学语境

当在制定规划时，一个场所、区域或者地域的这些主要方面应牢记于心：

- 过去的进程——包括人类和自然生物——导致了场地如今的状况；
- 未来的进程——包括人类和自然生物——可能会影响场地的未来；
- 场地的生态细节，包括场地内动物植物的优势种会影响场地的未来；
- 场地周围的区域——房屋、农业，和自然生物——许多在未来会影响这块场地的进程会在这些地方开始（而且许多在这块场地内开始的进程会对这些地方产生重大的影响）。

统设施，以及自然的环境来满足人类的精神追求并保护本地的物种。但是，一些生态小区并不是良性的：例如森林火灾、洪水、飓风的危害，或者本地大鳄也许会威胁小区居民的安全、福利和财产。位于不当的生态环境中的人类社会，这些错误的影响在灾后会很容易被识别出来，例如2003年的南加州大火以及1993年的密西西比河大洪灾。一位南加州的居民克莉斯汀娜·查思，她的房子在2003年大火中幸免于难，她明白了："在你经历一场火灾之后，你将学会如何挑选你的家园和社区。"

尊重越过边界的自然进程

当人类对于土地的描述，例如总体规划以及工程规划，经常包含了尖锐的直线边界，但几乎所有的生物感知生态系统有着不清晰的模糊边界。例如，美国西岸的红腿蛙（*Rana aurora*）在其一生中会利用多种栖息地，包括将用于蝌蚪生长以及成蛙交配的小池塘，用于成蛙繁衍生息的潮湿的木头等作为其基本的栖息地，和在这些栖息地之间穿梭的路线也是重要的组成部分。这些蛙没有关于人类创造的用以经营这些栖息地的地产行业或者辖区的认知，尽管他们可能需要在土地上处理一些人类才有的因素，例如道路和房屋（图1-3）。

图1-3 红腿蛙（Rana aurora）需要不同类型的栖息地，包括小池塘和潮湿的树木，来完成它的生命周期。这些栖息地可能跨越几个不同的小区甚至是城镇，但是红腿蛙没有关于人类社会中边界的概念。

甚至一些自然的边界似乎也被清晰地定义了，例如将陆地与水分隔开的池塘岸线成为许多生物之间透明的屏障。青蛙、蟾蜍、蝾螈、蜻蜓、豆娘、石蚕苍蝇、蚊子等许多其他生命的前半段生活在水里，后半段生活在陆地，且返回到水里交配繁衍生物（图1-4）。用假蝇钓鱼的完整运动围绕着透水生态界面的两个方面建立。那些用假蝇钓鱼的人用诱饵来模仿成年石娥、蜉蝣、石蝇和其他幼年生活在水中成年后回到水中产卵的昆虫打造他们的诱饵。这些人工飞蝇被用来模仿这些生物，因为鳟鱼通常跃出水面来捕食，吃掉飞起的成虫。

就好比土地利用规划显示出精确的边界，尽管自然的边界通常是不精确的，边界往往将场地或社区独立局限起来。但是实际上任何地区的生态，即使是城市，也是一本可能有着数种结局的还未完成的书。因为不可预见的事件——无论是全球气候变化，大量的风暴诸如飓风或者龙卷风，生物入侵诸如葛根或者亚洲天牛，还是正在进行的可以发生在任何系统中的生态变化——一个地区的生态前景从来都不是一定的。譬如，没有哪个规划可以确切地预测出，我们在科罗拉多的朋友中谁会被火灾侵袭，尽管一位生态学家也许已经预测过，在这个地方发生火灾是有可能的。

图1-4　像许多动物一样，红斑蝾螈（Notophthalmus viridescens viridescens）一生中的部分阶段在清水栖息地中，另一阶段生活在陆地上。幼年时期它们出现在潮湿的森林中，而其更年轻的幼体和成体则都生活在水中。因此红斑蝾螈需要健康的水生陆生栖息地（以及连接它们的环节）来完成它们的一生。

考虑到自然演变过程以及我们规划时的不确定性，我们必须寻求对它们的理解。最近由景观规划师弗雷德里克·斯坦纳开展的关于亚利桑那州三村区沙漠景观的研究，揭示了生态尽职调查是如何影响土地利用总体规划。研究强调了语境的重要性，不仅包括三村区域的地图还包括其周边地块的卫星照片、地图以及高程模型。研究回顾了区域用地的历史以及未来可能的影响，讨论了外部因素对三村区域的冲击（诸如主要的气候类型），评估了本地事件对周围流域可能的影响。总之，斯坦纳的研究以描述三村区域自身的生态状况为开端，之后向外延伸出四个维度：探讨总体的景观，深入研究地下水以及土壤，深入研究过去并预测未来。为了反映生态上的以及人类的不确定性，该研究描述的不仅仅是一个未来的规划成果而是一系列可能的未来。

如何在未来不确定界限模糊，生态事件常常不可预见的条件下，使土地利用专家制定出有意义的规划呢？首要的一点要求便是要意识到基于生态的规划，像总体土地利用规划，很少只有一个正确的解决措施——尽管它常常有许多"错误"的解决措施。

其次，规划师和设计师可以找出并利用生态信息，同时在预测能力不完整或有限的情况下了解充足的信息。在这方面，我们可以得出一个平行于其他类型的规划分析，如市场可行性研究。在这样的研究中，收集过去的房地产市场发展趋势和数据及可能影响未来发展趋势的因素，并基于此建立预测模型。之后规划师和开发商必须基于研究中的信息做出决定，并且意识到其他明确的、不明确的以及不可知的因素可能都会影响该项目的最终市场化。

再者，土地利用专家应当意识到在规划中考虑生态变量与完全控制它们之间的区别。因为生态进程是不确定的，当涉及保护人类免于自然伤害以及保护自然免于人类伤害的时候，构建一套安全的系数更为恰当。

最后的也是最重要的，关于场地内产生的、碰撞出的生态因素，规划师和设计师必须能够提出正确的生态问题。纵观全书，我们提出并回答这些重要的生态问题是为了提供一个良好的框架，来提高本书的阅读者未来的规划或者发展的生态兼容性。

第2章

生态与生态多样性介绍

亚利桑那州（Arizona）东南部是北美最美丽的地方之一，沙漠点缀着长满松林的山脉，形成了美妙绝伦的景象。在圣佩德罗河（San Pedro River）长达140英里（225公里）的流域，一片特殊的生物丰度的景观脱颖而出（图2-1）。事实上，这个3700平方英里（9600平方公里）的分水岭可以说是美国及加拿大大陆上一个生物种类最丰富的地区。这里有近400种鸟类、82种哺乳动物、43种爬行动物和两栖动物，所有这些物种集中在一个面积小于康涅狄格州（Connecticut）的区域。相比之下，整个美国只有768种鸟类、416种哺乳动物、514种爬行动物和两栖动物物种。圣佩罗德河流域是最受美国观鸟者追捧的区域，同时也被大量生物学家奉为风水宝地。

生物多样性：生命的物质

生物多样性是生物保护学家所使用的术语，它是用来描述地球上所有物种、基因及生态系统的多样性（或某一特定区域内，如圣佩德罗河流域的生物多样性）。事实上，生物多样性又只是简单地以一个区域内物种的数量来计算（即区域物种

图2-1   圣佩罗德河位于亚利桑那州东南部，是一条长达140英里（225公里）没有修建堤坝的河流。它常年流淌，奔流不息。

丰富度），就如上述圣佩德罗的生物多样性。然而，更精确的测量也会考虑不同的生态系统以及个别物种的遗传多样性。此外，群落结构（景观上物种的比例和配置）、生态和进化过程通常也被认为是生物多样性的重要方面。简而言之，生物多样性的定义可能相当复杂，但是一个地区生物多样性的正确理解并不仅仅是其物种丰富度。

事实证明，在圣佩德罗河流域，并不仅仅是物种丰富，也满足上述的广义的生物多样性定义的高指标条件。流域内包含了种类繁多的生态系统、生物群落以及它们的非生物环境。草原、沙漠灌木、高海拔森林、橡木和豆科灌木林地和滨水（滨河）植物是圣佩德罗的生态系统的代表（图2-2）。

此外，被称之为"空中群岛"的独特山脉被低海拔的沙漠和河流分割（图2-3），这种山水格局极可能使此地丰富的生物多样性辐射到流域之外。生物多样性有一个重要特征，就是在地理条件多样的区域（例如"空中群岛"）会比在地理条件单一的区域丰富。因此，在各种层次，圣佩罗德有着相当丰富的生物多样性，这使得它得到了生态学家和环保工作者的一致好评。

图2-2   圣佩德罗河流域生态系统的多样性，这张照片是从沙漠灌木区遥望河岸林地和河床交界处拍摄。

生物多样性的研究：生态学及其分支

规划师和设计师可能因以下几个原因想了解其研究地点、区域、地区的生物多样性。从单纯实用性的角度来说，土地利用专业人员需要遵守规划或监管要求，因此他们需要对当地生态系统和生物多样性有一定了解。经济因素是理解当地生物多样性的第二个原因，这可以帮助带来税收（如通过旅游业）或造成意想不到的花费（如病虫害）。其他土地利用专家了解和保护自然，是因为道德动机或是由他们的选民或客户意愿的驱使。

生物多样性的研究始于一门调查我们生存世界的学科：基础博物学。今天，我们常常视博物学为野外工作指南和尘土飞扬的博物馆，但它的根源深深扎根在人类的历史中。人类成为历史上最普遍的脊椎动物并不是因为我们的速度、力量、毒液或美丽，恰恰相反，是因为我们比其他任何物种都更了解我们的栖息地并能够适应和改造它。对于大多数活着的人来说，不知道本国生态系统的博物学和生态学就意味着早逝。

图2-3 亚利桑那州（Arizona）东南部的远处出现两个空中群岛山脉。生活在这些山脉中的植物和动物已经从附近山脉中类似的生物隔离，在某些情况下，进化为新的物种。

　　一个地区或地域所栖息的物种名录是博物学所提供的最基本的数据类型，如列表圣佩德罗地区鸟类的物种名录。自然历史学家也将通过野外工作来确定每个物种的数量，每个物种的物候时间（季节以及一天中物种活动的时间）以及不同物种之间的相互作用。一个出色的自然历史学家也开始进一步分析这些模式，并探寻如什么物种本应在某个区域但现在不再出现，以及观察哪些物种不应出现在这里（即外来物种）。

　　这些对一个地区内生物群落（所有的生物体）基本的观察构成了该地区生态领域研究的起点，这是一个力求探求、解释和预测物种间和无生命世界如何相互作用的广泛学科。自最早期的学科起，生态学家已在研究为什么唯独个别物种生活在某些特定地区。在生态概念提出的几十年前，即19世纪中期，查尔斯·达尔文（Charles Darwin）和阿尔弗雷德·罗素·华莱士（Alfred Russel Wallace）便已经遇到这个问题，并著有生态学的经典作品——《动物的分布和数量》一书。一些生态学家可能会问的关于圣佩德罗分水岭的关键问题详见图框2-1。

图框2-1
有关地区的重点生态问题

- 什么生物和生态群落出现在该地区，换句话说，什么样的生物多样性元素会被发现呢？（群落是生活在同一区域植物和动物的不同组群，是基本生态系统的生物组成部分）。

- 为什么这个区域包含如此多的物种和生态群落？

- 什么生物和物理过程能够帮助确定分水岭中发现的物种和群落？

在生态领域的众多分支学科中，不同学科专注于物种的不同方面或它们居住的生态系统。假设你提出在圣佩德罗流域区域开发（或设计或审查所提议的开发项目），这一区域传闻包含列在美国濒危物种法案的索诺兰（Sonoran）虎蝾螈（Ambystoma tigrinum stebbinsi），你就需要知道这些蝾螈在这一地区实际存在，并需要考虑如何设计他们的栖息地（以及如何遵守濒危物种法案）。下面讨论不同类型的生物学家谁可以帮助回答这些问题。

分类学家专攻特定群体的生物识别，生态学家为了积极识别蝾螈，将问题转给分类学家。分类学家能够确认在场地中发现的蝾螈种类是索诺兰虎蝾螈，或是其他已经被引入到该地区的非濒危亚种蝾螈。显然，正确地识别蝾螈对于土地利用规划师、景观设计师以及参与其中的开发人员而言是至关重要的，因为场地中的蝾螈可能会被联邦保护。

行为生态学家会研究蝾螈个体的地域和迁徙行为，使开发人员可以知道动物使用场地中哪些部分。

种群生态学家将专注于当地全部索诺兰虎蝾螈的种群，研究当地蝾螈的数量波动并对比这一种群的与其他种群的基因构成。

社会生态学家将诊查当地种群中蝾螈和其他物种之间的相互作用，他们会研究哪些物种吃蝾螈，蝾螈吃哪些物种，哪些物种与蝾螈争夺食物和其他资源。这个分支学科也与规划师和设计师高度相关，因为它有助于预测如果某些物种被迁移、添加或还原，那么生态群落的功能会发生什么变化。

系统生态学家将研究整个生态系统的功能——生物群落以及其栖息地无生命

的土地、水和空气。一个系统生态学家将专注于蝶螈栖息地生态系统的营养和能量的流动，并尝试开发生态系统功能的精确模式。例如在这种情况下，了解营养富集的影响，并通过控制化肥或污水排放的方式，可以帮助保护蝶螈的水生栖息地。

景观生态学家会考虑整个景观存在的模式——即蝶螈栖息的小溪和湿地与附近类似的栖息地如何连接或隔离，以确定群落迁移的可能性。

保育生物学家将先前学科知识结合法律、经济、伦理和公共政策方面的问题加以整合，制定特定的规划、保护或开发项目的解决方案。因此，尽管两个学科的侧重不同，生态学家和生物学家都关注生物多样性和生态系统功能，并应用基本的生态科学解决保护难题。为了保护珍稀濒危物种，生物学家必须知道哪些是物种特定的栖息地，其群落是如何构成，它们与其他物种如何相互作用，资源和能量的流动如何影响生态系统功能，以及自然栖息地斑块是如何通过景观相互联系。例如，生物保护学家研究圣佩德罗流域可能会产生的问题如图框2-2所示，这些问题将在后文多次提到。

为何要保护自然环境和生态多样性

人类是否要保护自然？为何要保护自然？这些问题正如同在地球上探求人类文明一般深奥。为了解决这个难题，仁人志士试图从经济学、政治权益、美学观甚至个人价值取向中寻找答案。在你还未读本书时，或许你心中已有答案，而读过书中的内容后也会给你一些新的提示。此处我们讨论生物多样性以及生态系统功能并非

图框2-2
有关区域性保护评估的问题

- 该地区的什么物种濒临灭绝、受到威胁或已经从历史上消失？
- 濒危的原因是什么，如何消除或减轻这些成因？
- 采取何种措施来保护区域内健康的栖息地和种群？
- 采取何种措施可以恢复该地区原来的功能？

试图重塑读者的价值观，而是告诉读者如何更有力地说服别人保护所承担的重要地位。这种情况下，注重实效的保育人员们提出了至少两种类型的建议来保护自然：其中一种经济实用的论点吸引着政治家和以商业及工程产业为主的群体，另一种偏向道德的论点则试图回避金钱而直指人类内心世界。

对于土地利用规划师、政治家以及他们必须面对的选民来说，毫无疑问，最引人注目的生物多样性保护的客观理由是保护自然最有价值的生态系统服务，即那些能为人类提供经济效用的生态系统功能，如防洪、水净化以及养分循环。这些服务功能对社会的经济价值是巨大的。在许多情况下，如果没有自然生态系统提供这些服务，当地政府和国家需要花费大量资金来完成相同的事情。例如，在得克萨斯州圣安东尼奥（San Antonio）市内的树木，每年大约为这座城市减少1.15亿美元的雨洪管理花费以及2200万美元的减排效益（树木吸收废气）。同样，湿地和流域内的土地提供诸如水循环、养分循环、污染衰减以及防洪等生态系统服务，这能够节省巨大的公共开支。以纽约市供水系统为例，与备选工程方案相比，该项目能节省数百万元开支。事实上，发表在科学期刊《自然》上的一项研究表明，世界范围内生态系统服务每年能带来约33万亿美元的价值，几乎是世界上所有国家的国民生产总值之和的两倍。事实表明，生态系统服务的价值是无限的，若没有它们，人类将会迅速灭绝。

接近自然同样也会提高财产的满意度和价值，这也是一个能够增加房地产开发的盈利能力和城镇、城市以及地区吸引力的重要因素。芝加哥野外联盟（Chicago Wilderness Coalition）在其网站上写道："保护本地自然能够带来经济效益。为了保持竞争力，在与大都市竞争时，我们必须提供更具吸引力的生活质量——如果可能的话，应该是更优质的。城市内外的生活质量对比中，一个重要的方面是接近自然。"对于开发商来说，尤为重要的是，越来越多的人愿意多花钱来居住在临近自然的地区：例如，落基山研究所发现，在20世纪90年代，48%的丹佛居民愿意花更多的钱住在公园或绿带附近，而同样的数据在20世纪80年代则是16%。在亚利桑那州的图森市（Tucson），经研究人员调查表明，相比远离野生动物栖息地一英里之外的房屋，临近野生动物栖息地的独栋房屋要多出约4576美元（综合市内五区的平均数据），而临近高尔夫球场带来的增值仅有2215美元。对安大略省（Ontario）圭尔夫市（Guelph）的城市居民调查显示，90%的人认为政府应该采取更多的措施鼓励野生动物的保护，与此同时有46%的人愿意支付额外税款以支持此项活动。这些统计数据表明，公众对于政治家和政府官员将自然保护作为一项重要内容纳入其工作计划中有着强烈的意愿。

另外一些由保护带来的经济利益也与生物多样性的价值息息相关。地球上物种和基因的"生物资本"是我们所有食物以及许多其他重要产品，包括纤维、建材、制药和可利用的化学物质的终极来源。如果有论调试图证明自然聚宝盆的保护行为只需发生在热带雨林，那么想想那些最具经济价值的物种，特别是用材植物，都是原产于北美的。人类还将继续依赖这些野生的优质基因并创造新的物种为其所用。对于规划师来讲，更为现实的经济理由在于原生生物多样性吸引着游客和投资者，其手段多为给一个地区带来独特的标签并对提高当地生活质量有所帮助。人们会花钱去看麋鹿、红木、浣熊和挪威枫树。此外，有证据表明至少需要保持某些最低数量的生物多样性以获得前文中探讨过的一定价值的生态系统服务，而更高水平的生物多样性则能够提供"保险"以确保未来也能获得该服务。

对于多数人而言，保护生物多样性最有说服力的原因并非是提高经济效益。对于许多人来讲，宗教信仰才是保护的基础。他们通常相信地球是个神圣的整体，人类不能因短浅的目的而对其破坏。环保教义在不同宗教中均有记载，包括像基督教、伊斯兰教、佛教、印度教和犹太教。从伦理学角度出发，一些人认为我们有责任去传承和保护一个生态完整、高度运转以及充满奇异的世界，正如我们所继承的，才能对将来的人类负责。而另一些人则认为人类有道德上的义务来保护自然界免受其他物种的侵害，不论人类是否能从中获益。

以一个更私人的角度来说，我们将能清晰地回忆起那些接近自然的时光：走过黄昏下寂静的森林，惊叹春雨后的沙漠中突然盛开的鲜花，甚至是动物园里咧着嘴笑了起来的海豹。这样的时刻总让我们充满喜悦、宁静，有时甚至是敬畏。纵然在日常生活中我们没有这大自然的财富，但我们仍然在假期中去国家公园寻找自然，在窗台旁喂鸟，甚至也会观看探索频道。它让我们欢欣鼓舞的认识到自然真实的存在：在旷野中不依赖于人神秘而美丽的存在。对此专家将其称为"审美"的理由以保护生物多样性，但其意义远超过美丽而存在，在图框2-3中将用一个小故事诠释。

原生以及非原生生物多样性

　　对于那些因为先前讨论的原因而致力于保护生物多样性和生态系统功能的人士来说，摆在他们面前的是一个棘手的问题：鉴于生物多样性这一术语指的是几乎地球上所有的生命（或生活在某一特定区域的全部生命，如圣佩德罗），那么是否应对所有生物一视同仁？这个问题的答案显然是否定的，对此我们将给予解释。回顾过去，一个地区的生物多样性不仅取决于当地的物种数量，还取决于本地基因、群体和生态系统的多样性，同时还与当地所处的更大范围的环境密切相关——换句话说，就是取决于该地区与其他地方的生态差异的大小。因此，相比那些在地球上广泛分布的常见物种与非原生物种（即我们所熟知的舶来物种，这个称号也暗示了其价值），独特的原生物种在生物多样性上具有更大的价值。事实上，舶来物种还会抑制和阻碍原生物种多样性的发展。例如，牛蛙，它并非圣佩德罗山谷的本地物种，正在整个区域蔓延以至于将雅基族白鲑（已被列为联邦濒危动物）和奇里卡瓦豹蛙（已被纳入美国濒危物种法案保护）挤出山谷。更具威胁性的是外来入侵植物，像红雀麦草和野燕麦，覆盖在整个土地上，提高了火灾发生的频率和强度，也导致了当地生态系统大幅度的恶化。

　　当我们在本书中谈论生物多样性时，我们通常指当地生物多样性——在某一指定区域内的种群、物种以及生态系统，未曾被人类干预和改变。随着科学家逐渐解开谜团，原生生物多样性并非"随意生成"，即某些可取的物种可以保护，而另一些则被忽视。许多物种在本地生态系统中扮演着独特的角色——例如传粉者、种子传播者、捕食者或寄生虫。为了能够维持某一特定物种的专业角色，我们同样需要对其他物种负责。为了保护兜兰（lady slipper orchid），我们必须要保护对其授粉的熊蜂；为了保护俄勒冈银点蝶（Oregon silverspot butterfly），我们也必须对其捕食的单色紫罗兰进行保护（图2-4）。

　　本地物种通常协同进化，但是当外来物种入侵后，它们几乎不履行其所取代的原生物种的功能。例如，对怀俄明州（Wyoming）夏延（Cheyenne）市的一项鸟类研究表明，当地鸟类通常几乎不选择外来树种进行哺育和繁殖，相反它们通常选择原生树种。同样，一个长满健康的本地香蒲和凤仙花的湿地能够为本土动物提供食物和栖息环境，譬如红翼黑鸟和麝鼠，但若湿地里都是虽然漂亮却是外来物种的紫色珍珠菜的，则不能给动物提供所需的食物和栖息环境。

图框2-3
生活在没有绿咬雀的土地上

　　我们必须决定我们想要生活的世界。或许我们能在生态恶化的环境中生活地更加舒适和健康。虽然飓风和洪水可以摧毁人类的家园，但是我们可以将这些被自然灾害摧毁的事物重建，我们或许可以找到相关技术手段防治害虫和疾病，即便是在最坏的情况下，也可以找到已消失作物的替代品。个别物种的消失，即使是像红杉和露脊鲸这样壮观惊人的生命体，会摧毁多数人的生活么？可能不是。但是什么样的世界是我们想要的？通过生态学家马西（Marcy）和鲍勃·劳顿（Bob Lawton）的经历阐释了这些问题。

　　在哥斯达黎加的蒙特沃德（Monteverde）进行研究休息期间，劳顿一行人游览了危地马拉（Guatemala）的部分农村。在一处偏远的农村，他们遇到了从家里出来很长时间的一家人，这家人的儿子病得十分严重，父亲背着他去就医。两行人都停下来抽支烟歇一歇。农夫一家从没离开过他们山区的家，并且对劳顿一家远离危地马拉的生活很感兴趣。当两位生态学家描述他们在芝加哥的家和生活时，危地马拉人的父亲问芝加哥是否有绿咬鹃。因为绿咬鹃是南美西部一种地位崇高的鸟，被玛雅人认作一种图腾。（彩图2）当鲍勃告诉他并没有这种鸟时，这位父亲很奇怪为什么会有人愿意生活在没有绿咬鹃的地方，然后告别了这两位北方人。

　　研究表明，绿咬鹃需要利用成熟林中腐朽枯萎的树干来筑巢。此外，一年之中，它们还会迁徙到其他类型的森林中，它们特别不愿意穿过被人类开发过的土地。绿咬鹃之所以稀少是因为它们需要健康而多样化的栖息地，包括像云林这种稀有的栖息地。一言以概之，绿咬鹃不仅仅是一种漂亮的鸟，更是对健康森林地区生态情况敏感的风向标。

　　劳顿一行人知道，他们进行研究的地方——蒙特沃德，是如家般受绿咬鹃青睐的栖息地，并且意识到农夫所说的事实。为什么确实有人愿意生活在生态恶劣到绿咬鹃不能生活的地方？当听到两位生态学家也不享受没有绿咬鹃的生活环境，并且他们生活的社区有许多的鸟，放宽心的农夫和他们聊了一个晚上。

　　大部分的世人都生活在基本见不到绿咬鹃的地方，更少的人生活在充满鸟的社区里。但每个居住地都有其自己的绿咬鹃，并且可能不止一种。物种是当地栖息地的象征，对环境变化十分敏感，当我们看到它们时会感到高兴。这种说法是公正的，居住在有绿咬鹃的美洲中部高原是远好于生活在没有鸟的高原上。同时，每个充满原生生物的生态系统都会给人搭起更好的居住环境。我们或许可以生活在没有绿咬鹃、无花果树、麋鹿、糖枫、沙丘鹤、大须芒草、野猪、树形仙人掌、海牛、大叶松树、水獭和花旗松林的世界中，但正如农夫所说，为什么有人愿意生活在那样的环境中呢？

图2-4　兜兰正依赖熊蜂进行授粉。如果熊蜂从栖息环境中消失，兜兰也会随之灭绝。

　　对于大多数人来说，原生生物多样性的价值是带给个体的美学和精神价值。环抱着美丽而丰富的生物多样性将拥有奇妙的感受，不信可以问问园丁或是动物园游客们。被健康的原生生态系统和物种所包围则是一种真正特别的感受，正如鸟类观察者，植物学家和自然学家所公认的。许多规划师重视那些独特的乡土味道和具有非凡意义的场所，这些场所通常是由一些小而独立的商户在社区内建立，并试图阻止其被连锁商店全盘吞没。因此，同样的道理，身处大陆的每一个人也希望能够唤起他们对家乡独特自然历史的回忆。以芝加哥为例，现如今其已成为重建曾经覆盖了伊利诺伊州的草原和草原栖息地的核心和志愿者所努力的重点，同样，志愿者们也以重建这些近乎消失的生态系统作为莫大的荣誉。

当"生物多样性"已成为环保主义者的口号时，这一简单的定义就不再是他们内心单纯的想法：生存着原生物种的健康、完整运转着的生态系统——应该是更加完整的生态系统——尽可能少地混杂着外来物种。尽管相比一片小的栖息地，花园中可能拥有更多的物种，但自然资源保护者们显然会将稀缺的资源用于保护原生栖息地而非花园。

影响生物多样性的因子

生物学家很早就认识到在全球范围内生物多样性的分布并不均匀。在整个分类学体系下，热带地区拥有最大数量的物种，而亚热带、温带和极地区域的物种则依次减少（彩图3）。总体上讲，不同物种栖息在不同的气候区内，但有些动物（如狼、土狼、山地狮子和白尾鹿）则从北极到热带地区均有分布，而有些动物（像许多鸣禽和水鸟）则从一个区域迁向另一个。

在一个特定的区域内，相比地势平坦的区域，地势起伏较为明显的区域通常包含更多的物种。例如，在亚热带的山区拥有全部亚热带、温带以及极地区域的典型生物。因此，在一个小范围的地理环境中包含丰富而多样化的种群。除了由于海拔引起的温度变化，南北坡会同样产生巨大的温度变化。在北美地区，这种差异强烈的表现在降雨上，东坡则更为干燥。这种混合着不同温度和水分形成的模式创造了一个个风格显著的栖息地，相比同等大小均质的土地，它们显然能承载更多的物种。

地势变化明显的地区不仅拥有丰富的生物多样性而且能孕育新的生物。大多数物种——从已有物种进化而成的新物种——发生在一个独立种群分裂为两个或多个独立种群时。例如，这种情况可能发生在：凉爽湿润的山脉被干热的低地所环绕时，或当栖息地被高耸的山脉或绝壁所孤立时。随着时间的推移，被孤立的种群将独立进化，可能会产生明显差异，以至于即便两个种群再次相遇之后它们已成为不同的物种，存在生殖隔离。

因为以下原因圣佩德罗地区是一个生物多样性的热点地区：它是一个典型的亚热带地区，在海拔变化极大的范围内包含大量不同类型的栖息地，同样拥有多重降雨模式。此外，该区域中的独立山脉，众所周知被称为天空岛的地区，也引领了不同生物种群的进化。

人类：自然的一部分或与自然渐行渐远？

人类生活在北美的历史可追溯到千年前。科学家们相信人类在13000~18000年前首次登上了北美大陆，在5000年前就已经到达了各个栖息地。无论他们在哪里居住，人类都深深地影响着当地的生态系统，反之亦然。事实上，北美的生态系统或多或少的与当地人类共同进化。那么，这是否意味着当我们说想要"保护"自然，是使一片区域保持"原生态"，还是使一个生态系统恢复其"原状"呢？接下来以圣佩德罗流域的历史和其对现今规划的影响以及当前保护面临的挑战为例对上述问题进行讨论。

早期在圣佩德罗分水岭（10000年前）活动的人类可能对河流几乎没有影响，但在猛犸象、乳齿象和其他大型动物的灭绝中扮演了重要的角色。如果打猎是导致这些动物的灭亡（正如许多科学家相信）的根本原因，那么早期的印第安人则已经从根本上改变了圣佩德罗及其周围地区的生态环境。还有一个由人类引起的主要生态变化发生在约3000年前，当时人们第一次建立永久性栖息地，开始农耕活动以及砍伐木材作为燃料和建筑材料。尽管规模尚小，但对作物的清理并利用灌溉技术足以形成一个稳定的生活方式并因此开始对河流和水文产生影响。

从17世纪到19世纪中叶，西班牙殖民者和传教士、萨白波利人（Sobaipuri）以及阿帕奇人先后居住于圣佩德罗。在此期间，西班牙人首次引进了牛等牲畜，这些牲畜在后来的进程中将对流域产生巨大的影响。当阿帕奇人把西班牙人从他们的牧场上赶走，许多牛群无人管束，不出几个世纪，野牛充斥了整个山谷。但是由牛群产生的最重要的影响源于19世纪80年代，农场主们带着大量的牛群从遭受旱灾的得克萨斯州和加利福尼亚州赶往亚利桑那州。成千上万的牛群对这贫瘠的土地造成了毁灭性的影响：它们过度啃食草场以至于在下雨时几乎没有植被能够承受水流的冲刷，土壤受到严重侵蚀。圣佩德罗及其支流充斥着从山上冲刷下来的雨水，在这片干旱的土地上形成了许多深沟，也就是我们所熟知的旱谷，其中的一些甚至深达10~20英尺（3~6米）。这条河流在地表曾一度宽阔而深远，而如今却被挖成了万千沟壑，其恢复的道路也变得异常遥远。

　　大约在同一时期，欧洲人和原住民也引进了家畜，同时他们也消灭了另一个重要的物种：海狸（Castor canadensis）。圣佩德罗的海狸曾一度泛滥以至于早期的猎人称其为"海狸河"。这些大型啮齿动物形成的巨大屏障使河流流速减缓并形成大片的沼泽地，让我们所熟知的地表地下水更为充沛，这些河流甚至能蔓延到1英里（1.6千米）之外。到19世纪初期，海狸几乎陷入了绝境。随着它们形成的屏障消失，河流的流速加剧，沼泽也随之发生了变化。狩猎以及栖息地的改变等因素也让灰熊、狼、叉角羚以及3英尺（0.9米）长的科罗拉多河大型淡水鱼类离开了河流及其赖以生存的山谷。正是海狸，这种当地关键物种的消失以及家畜这些外来物种的增加，对当地生态系统产生了不可磨灭的影响。

　　19世纪晚期，圣佩德罗盛行铜和银矿业使其对木材和水资源的需求剧增，这就导致了河两岸以及天空岛附近的森林被大量砍伐。树木的消失加剧了暴风雨的侵蚀。与此同时，随着棉花变成亚利桑那州20世纪早期最主要的作物，大规模灌溉也在农业中开始使用。虽然当地早期居民，像萨白波利人（Sobaipuri），已经开始对玉米、大豆、棉花和南瓜等作物进行灌溉，但像如此大规模的新式灌溉、成群的家畜以及采矿则造成了更加深远的影响，譬如旱谷的形成。今天，农业用水仍占亚利桑那州用水量的四分之三，而随着人类社会需求的急剧增加，每年的用水量仍在攀升（例如，位于亚利桑那州圣佩德罗流域最大的城市塞拉维斯塔的城市用水量在1970年到2000年间增长了465%）。在圣佩德罗流域，每年城市的用水赤字达到了22亿加仑（80亿升），为了解决这一赤字，每年不得不从地下含水层中抽取大量的水引入河流。而过度泵水也导致了许多从前终年有水的河流变得枯竭，在一些地区甚至由于地下水位下降而导致树木缺水而死。

　　在本章最开始展示的照片里的圣佩德罗是一个富饶而美丽的生态系统，从各方面讲仍是一个原生态的地方。然而，该地区的历史则讲述了一个截然不同的故事，人类对其形成的影响可以追溯到10000年以前，现如今也仍在持续影响着该地区，影响也几乎深入生态系统的每个方面，从植物到动物，从土壤到水。那么这段历史是否意味着圣佩德罗的本地生态系统在某种程度上消失了或并不值得保存下来？答案是否定的。世界上几乎没有生态系统未受人类影响，仅仅是影响程度和类型不同罢了。因此，某种程度上，几乎没有一片土地是"原生态"而从未受到人类影响的，它们中的大多数都极具价值，带给人类巨大的经济效益、生态效益或包含大量的生物多样性。

　　一个地区的生态史，譬如文中所提到的圣佩德罗的生态史，除了能够帮助人类理解他们与本地生态系统的关系，也能够在保护者和土地利用规划师们试图去鉴别及保护生态系统中有价值的部分之时引导他们的工作。在圣佩德罗，保护者们试图去改善一些过去人为造成的更为严重的生态系统变化，譬如通过放养海狸使其重新进入河流以及通过改进牲畜管理等实践。很显然其目标并非重新建立"原生态"的史前生态系统，让乳齿象重新回到这片土地，而在于保护那些存在于19世纪之前的生态系统中的元素——这个时期人类的出现对土地产生一定影响但并未对当地动植物、河流以及土壤造成严重破坏。

　　正如在保护工作中所诠释的，许多在亚利桑那州东南部的人如今已认识到圣佩德罗河谷的生态、文化价值和其脆弱性。在该流域内的20个团体已经联合形成圣佩德罗合作组织（Upper San Pedro Partnership），该组织正致力于发展针对河流的保护性计划。小说家芭芭拉·金索沃尔（Barbara Kingsolver）在国家地理上发表了描绘圣佩德罗的赞歌，而像大自然保护协会和全美河流协会等诸如此类的团体也付出了大量努力让全国乃至全球都对圣佩德罗流域生态系保护给予大量关注。但假如要保护这片人类赖以生存上千年的美丽而重要的河谷，圣佩德罗流域的人民仍需积极地控制当地的人口增长、土地利用以及水资源的使用。

第 3 章

当人类和自然发生冲突

我们不妨假想一个在21世纪早期蓬勃发展的城市埃克斯博南恰（Exponentia），100年前，埃克斯博南恰还是一个几乎只有5000居民的小镇，如今，它的人口已经超过10万。这个增长基本是在过去的半个世纪完成的。城市中的大部分居民从事高新技术产业工作，他们中的大多数看好这个城市悠久的历史文化和美丽的自然风光。由于近年来城市的快速发展，城镇化的进程如今延伸到了附近的农田、牧场和山川，并将它们纳入到了一个更大的都市的一部分（图3-1）。虽然埃克斯博南恰是虚构的，但类似于它的城市在北美并不缺乏。当你阅读接下来的几个段落，可以想象出埃克斯博南恰的实地版本，还能获得更多的细节感受。

规划师们非常了解人类在快速发展中遇到的挑战，譬如需要更多的资金进行交通、学校、公共安全服务、水资源以及污水处理的基础设施建设。但是，城市的发展如何影响本地的物种及他们的栖息地？城市的扩张最明显的影响是自然栖息地的丧失。这是一个零和游戏，有三个玩家参与：自然栖息地、农田以及城镇土地利用。只要其中的一个扩张（通常是城镇土地利用扩张），另外一个或者两个就会被压缩。当然，他们三者也并不是完全排斥的。例如：轻度放牧的牧场和人烟稀少的地区是许多当地物种良好的栖息地。但是，总的来说，每一英亩的土地都分配给其中的一者，总体的趋势是，很长时间以来自然栖息地已经萎缩了。

正如图3-1中展示的关于埃克斯博南恰的四张图那样，人类并不是在所有区域都平衡发展的。在土地平坦、排水良好的区域，发展速度迅猛。因为这些区域更适合建设。相反，在地形陡峭，排水不良的区域，发展速度相对较慢，虽然在法律允许的情况下，会有一些建筑建造在沿着山脊的山坡上。在这个假设的例子里，过去的50年里，虽然有大约一半的面积已经发展，最平坦的地区已经被改变，但地形坡度较大的区域确保持相对不变。

人类扩张的结果

由于人类住所的拓展，以及我们活动的延伸，我们对当地的生物多样性造成了多方面影响。城市建设以及农业发展占用土地使得原本的栖息地变得支离破碎。我们的房子、机器、工业污染改变了土地、空气和水。我们从它们的栖息地里攫取（通常是过度攫取）当地物种，并且还会有意识或者无意识地引进外来物种。例如，由于欧洲人移居到了北美，北美大陆几乎所有高品质草原都变成了农业牧场。大多数曾经有优质草原的省或者州已经失去了98%以上的草原区。在不同区域，人类活动的影响也不尽相同。但是累计起来的效应是，地球上的土地在人类的时间尺度上不可逆转地被深深影响了。本章的其余部分将介绍这些来帮助读者了解严峻的生态挑战。

栖息地破坏：空间入侵

当原生栖息地被人类用来建造房屋、发展商业和农业，这些栖息地就遭受了破坏。当这种情况发生时，栖息地内的植物和动物就会灭亡。部分幸存下来的动物可能会迁移到邻近地区，去寻找新的合适的栖息地。但这些"难民"们可能无法找到充足的食物和可靠的居所，因此，它们也会面临灭亡的危险。但是，栖息地被破坏的结果并非都是如此。栖息地被破坏的短期效应在很大程度上取决于破坏的是否彻底，而长期的影响还是取决于破坏的持久性。

栖息地的破坏彻底程度可以看作是一个连续范围。一端是当地栖息地已经完全消除，譬如下曼哈顿地区和一些大规模的单一农场所在地。开放空间内可能有很小的区域被保留，但它们和原生栖息地相比已经面目全非。另一端是保

a

b

c

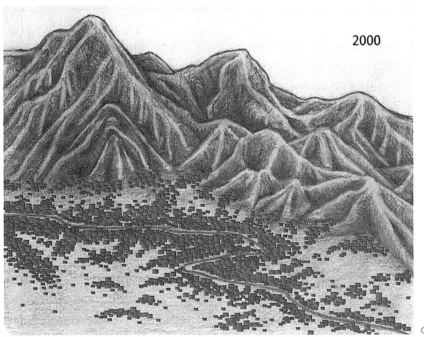

d

图3-1　这些图像展示的是假想城市埃克斯博南恰在1950年到2000年的城市扩张景象。就像它们展示的那样，首先是富饶、平坦的地方发展起来，后来逐渐扩张到条件一般的区域。

留了大面积自然条件的土地利用，譬如位于原始森林或者半开发森林内的露营地。中间部分是郊区、公园、高尔夫球场、大学校园和低强度的农业地区，如牧场。栖息地被破坏的程度和很多因素相关。决定它的不只是建造建筑物或道路路面铺设的数量，还有保留原生植物的数量和质量。虽然在规划和开发过程中常用的一些措施如"绿色空间比例"，但这些指标对于栖息地保护并不能起到好的作用。因为他们没有将纯正的天然栖息地和一些人工化的草坪或是修剪整齐的植被区别对待，天然栖息地中植被往往是一种生物荒地的本土物种。

　　人类对自然破坏的持久性取决于这种破坏的性质和生态系统自我恢复的能力。在某些情况下，天然栖息地可以自主再生，有的区域生态环境甚至还能适应人类对其的破坏。例如，美国东北部许多地区如今森林密布，但在100或者150年前确是大面积农耕区。土路、农田、牧场、木屋、甚至古老的铁路路床都可以在自然界中数十年内再生。英格兰地区的森林便是最好的印证（图3-2）。这些再生林虽然和原始森林并非完全一样，但它们的基本结构和功能和之前是相同的，因为构成它们的都是优质的乡土树种。

图3-2　位于佛蒙特州中心区的万王山（Lords Hill）上的这所房子多年前就被遗弃了。在整个北美有很多这样的地方，恢复的森林植被吞噬了曾经的农田和房屋。

　　但是，人类对土地和土地所承载的生态环境的破坏已经非常严重了，想要完全恢复其本来面目几乎是不可能的。在城市地区，我们已经进行了大规模建设，想要使生态在几代人的努力下恢复，可能性日渐渺茫。农业生产也会永久地破坏一片土地。在北美西部的许多干旱区域，地下水含有少量的盐分，但长期的地下水灌溉导致了土壤的高度盐碱化。从美国自然资源保护局1996年的报告可以看出，至少有48万英亩（1900万公顷）的农田和牧场目前已经盐碱化，其面积相当于内布拉斯加州（Nebraska）的大小。该报告指出："有效降低土地里的盐分是困难的，甚至可以说是不可能的。土壤盐碱化至少会导致短期内的农作物减产。"

　　我们当然不是让人类停止建设或灌溉，而是强调规划师和设计师应该力求限制人类对土地严重地、长期地活动和破坏。正如之前案例所说，土地利用的变化显著改变了生态系统的物理基土，这种改变往往是不太可能恢复的（或需要很长时间来恢复）。此外，相比于普通区域，那些生态敏感的区域一旦被破坏，恢复起来将更加缓慢。例如，土壤形成和植被生长缓慢的生态系统，如沙漠、苔原和高山生态系统。它们在受到干扰后往往需要更长时间才能再生。不同的生物群落再生的速度不同：草原生态系统的基本结构可以在几年之内再生（假设土壤状况良好的情况下），而古老的红木森林生态系统可能需要一千年才能形成。

　　尽管保护主义者有时候把灭绝当作唯一无法改变的人类的影响，但是生态破坏的其他影响却能困扰好几代人。规划师、设计师和开发人员应该尤其注意这些可能破坏自然的活动，因为它关系到我们的子孙万代。

栖息地破碎化：无家可归

　　当城市和农村的土地利用将原生栖息地分为不连续的斑块时，栖息地破碎化就这样诞生了。仔细检查图3-1a和图3-1d可以发现，在我们假想的城市埃克斯博南恰内，原生栖息地在广大区域并没有一次性全部消失。相反，它们被慢慢蚕食，而且个别区域间断性地向外扩张发展。当原本连续的本土景观破碎成相互隔离的片区，许多生态问题也就随之而来。一般情况下，栖息地片区越小，所能供养的原始物种的种群数量也就越少。小种群灭绝的机会远远大于大种群，一旦栖息地内的一个种群灭亡，这个区域生态恢复的可能性就又会降低一些。支离破碎的土地也有高比例的边缘栖息地，在那里，自然土地被相邻的城市或农业区影响。这些边缘区域不适合许多本地物种栖居，因为他们的原始栖息地往往拥有的和边缘地区不同的气候和植被的结构比。在这里，它们将受到更多人为的干扰，比如噪声、灰尘和农业化学品。而且，边缘地带往往是捕食者的乐园，因此，本土物种在这里总是危险重重。在这些破损的栖息地上，那些包含了本地生态系统的开放空间往往有可能降低了其作为栖息地的价值，因为它们存在过高比例的边缘地带。破碎化的过程和影响的更多细节将在第6章中讨论。

外来物种入侵：引狼入室

从北美还是殖民地的时候开始，这里就已经引入了一些外来物种（也称为非本地物种）。外来物种被欧洲人疯狂引入到港口和其他沿海地区。在这些区域，有三分之一的植物物种是外来的（图3-3）。例如：美国地质调查局关于国家生物资源的状况和趋势的研究表明，气候寒冷，面积较小的马萨诸塞州居然和面积广阔、气候温和的加利福尼亚州有着同样多的外来植物（马萨诸塞州有1019种外来植物物种，而加利福尼亚州和福罗里达州分别有1113和1017种）。究其原因，应该源于几百年来马萨诸塞发达的港口工商业。

大部分的外来物种种群数量较小，不会带来麻烦。然而，有一些外来物种在与本地物种的竞争中迅速繁殖蔓延，甚至改变了整个生态系统。这些物种则被称为外来入侵物种。"什么是杂草？"在利奥波德1943年的文章中，他强调，"杂草与否是一个数字属性，而不是靠种群区分。"虽然杂草的定义本质上是主观的，但大多数入侵物种有着某些共同的特征，使得它们对本地生态系统造成了威胁。据康涅狄格大学（University of Connecticut）标本馆馆长莱斯利·米尔洛夫（Leslie Mehrhoff）介绍，入侵物种往往具有以下特点：

1）每棵植物都能产生大量种子或者其他繁殖体；

2）这些植物具有非常有效的传播机制；

3）这些植物落地即生根；

4）这些植物生长迅速；

5）这些植物竞争力极强。

一些外来物种会带来严重的生态破坏，科学家们已经达成了高度共识，认为外来物种入侵是仅次于栖息地破坏的对北美本土生物造成威胁的第二大因素。不同于

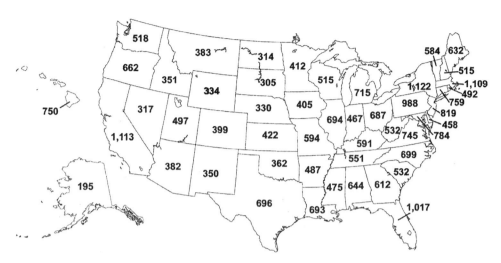

图3-3　美国每个地区都有百种以上外来物种入侵，有些地区甚至超过了千种。数字显示的是各个州的外来植物种类数量。[根据Michael J.Mac（雷斯顿市，地址：美国内政部地质调查局，1998）等《国家生物资源状况与趋势第2卷》重绘]

对居住区和工业区的开发，在广大市民意识到威胁到来之前，外来物种往往就已经侵蚀了本土栖息地。许多外来植物物种是刻意引进的。其目的是为了园林绿化，控制水土流失或者完成土地复垦项目。像葛这样的品种的引入甚至是为了达到两个以上目的（图框3-1）。不幸的是，随着国际贸易和国际旅行的增加，外来物种的问题可能恶化。虽然在来到北美海岸的大量外来物种中，只有一小部分成功落地生根，但由于物种总流量数额巨大，新的问题每年依然层出不穷。

栖息地的退化和污染：不断污染我们的家园

　　所有生物包括人类都会排出废物。我们呼出二氧化碳和水蒸气，我们排泄出氮化合物和未被消化的食物。当少量人类居住在一个地区时，我们代谢的废物仅仅是正常的生态系统功能的一部分，正如其他的大型动物一样。但是，当人类聚集在城市中，集中产生大量的废物，当我们生产和应用新型化学杀虫剂或者散播大剂量的肥料到我们的庄稼和草场上，然后，问题就产生了。

　　污染有时能轻而易举地对生物多样性产生明显的影响。举例说明，伊利湖（Lake Erie）与波士顿港口（Boston Harbor）都因为下水道污染和工业污染

图框3-1
一些臭名昭著的入侵物种

葛（*Pueraria montana*），原产自亚洲东部，是一种多年生豆科藤本植物。这种植物最初是在1876年费城百年展览会上作为亚洲原生藤本展览而首次被带入美国。在1935年，美国土壤研究机构将这种顽强的藤本应用于耕种土地并种植在道路边缘来阻止土壤侵蚀。他们通过付给农民费用来播种这种植物。11年后，葛已经覆盖了整个南部地区300万英亩的土地，相当于一个康涅狄格州大小的面积。1970年，美国农业部将其列入了常见杂草名单之中。如今，全美在25个州超过7百万英亩土地受其影响。

尽管葛有着极强的覆盖力，但我们也不能忽视其他具有侵略性的外来物种，如药用蒜芥（*Alliaria petiolata*），它们可以悄无声息地侵入一个地区。但一些入侵物种仍旧被大部分民众所欢迎，尽管生物学家已经警告过这些物种会对本地物种造成很严重的损害。举个例子，紫珍珠菜（*Lythrum salicaria*）作为一种观赏植物被广泛种植，尽管它不需要耕种就可以以惊人的速度侵占湿地。50%甚至更多的本土植物可以被紫珍珠菜取代，它驱逐了珍惜的濒临灭绝的本土植物，打乱了以本土植物为食的本土动物的生物圈。在某些情况下，整个湿地都能够被紫珍珠菜覆盖。

粉柽柳（*saltcedar*）不仅取代了本土干旱西部的湿地植物，更加改变了那里的物理生境。它们深深的根比起被它们取代的本地植物能够吸收更多的水分，并且它们从水中集中盐分到它们的叶子里。因为它们是落叶植物，当叶子脱落，高浓度的盐分释放到土壤表层中，创造了对本土植物不适宜的生存条件。最终，粉柽柳生长在河岸地区和湿地，毁坏了那里脆弱而敏感的生态生境。

当被引入到一个合适的环境中去时，动物同样会疯狂地扩张。大概在1869年，波士顿地区建立的一个丝绸蝉蛹生产厂使舞毒蛾被引入该地区。当蛾子从引进它们的法国画家和昆虫学家艾蒂安·利奥波德·特鲁夫洛（Ettiene Leopold Trouvelot）的工厂后院逃出来后，它们开始侵扰邻居。早期通过使用滚烫的水和燃烧火油来尝试控制这种物种传播的速度，但这种方法被证明是无用的。在1981年，舞毒蛾幼虫侵占了整个美国东北部1200万英亩（7284亩）的土地，并且范围仍旧在扩散。

注:
1. R.westbrooks，侵略植物，不断改变着美国的风景：资料手册（华盛顿特区
（Washington，DC）：联邦调查机构为了对有害植物及外来植物进行管理而颁布的），
http：//www.denix.osd.mill/denix/Public/ES-Programs/Conservation/Invasive/
intro.html.
2. westbrooks，侵略植物。
3. 国家公园公共事业机构，"柽柳，"http：//www.nps.gov/plants/alien/fact/tama1.
htm（访问时间2003年7月25日）；大自然保护协会，"要素管理柽柳梗概，"http：//
tncweeds.ucdavis.edu/esadocs/documnts/tamaram.pdf（访问时间2003年7月25日）。
4. 美国森林公共事业机构，http：//www.fsl.wvu.edu/gmoth/（访问时间2000年4月14日；
网页不可访问）；国家有害生物信息系统（NAPIS），"舞毒蛾情况说明书，"http：//
www.ceris.purdue.edu/napis/pests/egm/facts.txt（访问时间2001年6月29日）。

经历了剧烈的生态系统的改变和本土物种的锐减，尽管在污染源被处理之后这
两个地方都在渐渐恢复。但是污染仍旧在一些细微的方面影响了生态系统，包
括以下：

- 改变了生态系统的化学物质平衡，带来了侵略性外来物种或者影响了本土
物种的竞争平衡；
- 削弱了微生物，以至于在自然威胁下，他们更加容易受影响了；
- 不断淘汰某些对污染敏感的物种，通常导致了其他物种的阶联效应；
- 不断减少生物圈内部结构多样性（例如：适宜的亚生境）。

对自然物种的过度利用：成为自然餐桌的掠食者

绝大部分自然经济是基于一个接一个的物种的收获。除了植物——它们通过光
照获得能量——大部分在地球上的物种通过觅食活着的和死去的生物（如食草动物
和食肉动物）或者生物的代谢物（分解者、食腐殖质者，如细菌、真菌和一些昆
虫）来获得能量。事实上，许多的演化使物种在捕获猎物或者成功避免被捕获的方
面变得更加高效。

当几千人在一个如哥伦比亚大小的河流里钓鱼或者在一个如美国特拉华州（Delaware）大小的森林里采摘坚果和浆果时，我们在生态系统中起到了如大型食肉动物和食草动物一般的功能。然而，当我们引入先进的技术，甚至是19世纪相对简单的技术如火车、电报、网络、捕猎的陷阱时，我们的角色完全不同了，我们可以使曾经是地球上数量最多的鸟类——候鸽灭亡。

通过当今的科技——捕鱼船配备有声呐、全球定位系统和十分高效的网络，通过链锯和测井工程车——我们能十分容易地使在任何海洋或森林内的物种灭绝。

全球气候变化：不断改变着游戏规则

即使实施精细化管理措施以保持海湾水土的区域，全球范围的气候变化仍可能导致问题的产生。地球的气候似乎显著地温暖了起来，这是由于自工业革命开始人类释放到大气中的温室气体的不断增加所造成。温室气体，如二氧化碳、甲烷，由大量自然和人类的活动所产生，尤其是通过森林燃烧和化石能源的燃烧。在北美洲，发电、交通运输和工业生产导致了大部分温室气体的排放。

然而气候学家并不是十分确定全球气候变化将会在任何确定的地点产生影响。更重要的预期结果之一是海平面的上升，这将淹没位于低处的沿海地区。海平面上升是由三个趋势导致的：随着气候变暖，南极洲冰帽的融化（增加更多的水到海洋中），随着温度升高海洋中海水的蔓延，以及从南极洲冰帽上掉入到海洋中的冰山。尤其是当巨大的冰山落到海洋中，将会立刻导致海平面的上升，就像当一个人进入浴池，水位会立刻上升一样。这不仅仅是推测，在2000年5月，近四十年看到的最大的冰峰从位于南极洲西部的罗斯冰架（Ross Ice Shelf）上脱离坠落。这块冰峰的面积几乎像一个康涅狄格州（Connecticut）一般大，据测量，冰峰长宽为185公里与23公里。

气候学家预测，如果空气中二氧化碳的含量像过去的150年一样不断上升，到2100年，大部分美国城市气温将会上升3℉~10℉（2℃~5.5℃）——相较于整个20世纪导致1℉温度的上升。在像加拿大和阿拉斯加（Alaska）这样的北部区域，据说会有更大幅度的增温。预测者说全球气候变化的结果远不只是简单地变暖。由于气候变暖导致了更多的水从陆地蒸发，因此许多区域将会持续变得干旱。空气中过量的水蒸气将会导致某些地区降雨量激增——特别是过大的雨量增加将会导致洪水。因为温度的变化与水文情况，生态系统类型分布据预测也将会剧烈地变化。尽管在气候学家中，对是否会产生强烈的气候变化存在着强烈的争论，不同的计算机模型带来了不同的结果，这些结果模拟了将会发生的变化以及变化将会如何对北美不同地区产生不同的影响。

快速变化的温度将会给许多物种带来麻烦，如气候带消失与改变的速度要快于物种改变的速度。尽管一些迅速繁殖与扩散的物种将能够随着气候变化而改变活动范围，但没有植物能够随着气候的快速变化而快速迁徙。一些栖息地，例如如果气候变得太温暖的话，位于圣佩德罗流域的天空岛（Sky Island）的高地森林将会全部消失。如果这里没有更加凉爽的地方，他们可以迁徙，他们将会走向灭绝。除此之外，一些生态学者担心，由于人类的土地利用阻断了本土物种的道路，导致本土物种无法迁徙，并改变他们的活动范围。这些障碍导致了许多自然资源与需要保护的物种之间的不匹配。举个例子，在北美洲，大量东西走向的广阔农业区域或者城市用地，可能会阻断那些本可以向北移动他们的活动范围以适应逐渐变暖的气候的森林物种的迁徙。

对于大部分由于全球气候改变导致的问题，科技的解决方案将是有效的——但是要付出怎样的代价呢？创造一个对人类生存不断威胁的环境然后花大量的金钱来寻找一种有效的途径以解决人类自己制造的麻烦，这样的做法有道理吗？越来越多的世界领导人并不赞同，并且开始逐步以减缓温室气体排放到大气的速率，最终停止排放，并逆转温室气体总体增加量的目标。但是即使我们立即采取措施来减少温室气体的排放，在感受到温室气体减少的效果之前，会有几十年甚至几百年的滞后。在这段时间，气候变暖伴随着天气形态的增加将会持续，同时，一些气候变化将是不可逆的。减少温室气体排放的努力已经在整个北美生根了。横跨国土的许多州、乡和自治政府已经起草了气候变化行动计划。计划包括了许多步骤，例如建造更高效的建筑、鼓励化石能源依赖性弱的交通和种植树木来吸收空气中的二氧化碳。其他减少空气中二氧化碳的排放方式——提高汽油税——在欧洲被证明十分有效，因此欧洲交通工具的平均能耗效率比北美洲的要高很多。

本地居民行为的巨大效应

正如我们将在第4章节探讨的，自然栖息地在不断变化的状态中：新的植物材料生长着，土壤变得更加富有肥力，直到一场大火或者暴雨造成的骚乱扰乱了许多的生物或者冲刷土壤。然而，随着时间推移，在大多数地区，总的植物量会粗略保持平衡，土壤也是同样的道理。相反，在许多地区，人类导致了生态系统中植物量的持续减少，通过不断的砍伐森林阻碍森林再生长或者将自然风景地用作牧草地，用一种阻止植物恢复再生长的方式过度牧养牛、山羊和绵羊。正如所有区域都会经历这种或那种类型的内部干扰，能够恢复内部的林地、灌木丛和大草坪是内部运作的而非自然的方式介入的。非自然的途径是人类施加无尽压力的途径——通过这种途径，自然很难从中恢复。正如对一些早期农业或城市聚居点的观测显示，这样的压力将会产生持续百万年的影响。

在20世纪20年代到30年代，在灾难性的土壤侵蚀导致的沙尘暴时代的鞭策下，美国土壤保持机构的劳德米克博士（Walter Clay Lowdermilk）实施了针对不同文明摇篮地的土壤研究，早前农民已经开始管理自己的土地。他发现许多如今已是沙漠的地区，如以色列、埃及、黎巴嫩、伊拉克和中国，在几个世纪的农业与畜牧业活动后，土地遭受了严重的土壤侵蚀。在每一个现在的沙漠地区他都发现了一些区域，远离过度播种，过度放牧，如古庙和禅林。这些地方的土壤仍旧可以如同数千年前一般，支持本地植物生长。

在中国，劳德米克博士发现黄河上游的采伐森林累积导致了大量河道的裂口并伴有河水上涨的现象。河水上涨需要建造巨大的堤坝来保证河水在河岸线以内，但是在1852年，河水突破了它的限制，淹死了数百万居住在洪泛区的人，这些全都是上游森林遭受过度砍伐的结果。在其旅程中，劳德米克博士发现一些斜坡土地被很好地保护了几个世纪或者更长时间——在某些情况下，每年农民都会用竹筐把山腰上较低处的土壤背到容易被侵蚀的高处。近年来，类似的情况已经发生：正如1993年密西西比河（Mississippi River）沿岸及1998年飓风米琪期间尼加拉瓜（Nicaragua）的低地，在上游区域的森林采伐以及其他土地利用增加了上游河水泛滥的剧烈程度。

更值得注意的是，人类土地利用的模式在很短的时间内能够改变当地和区域气候，有时严重的情况会影响本土生态系统和本地经济的生存能力。许多影响与农业有关，通过改变本地植被情况和肥化干旱土地会改变本地的气温与水文条件。举个例子，在南北走向的科罗拉多州（Colorado）的高原地区，从草地到不断灌溉干旱的农田似乎会导致农业区与更远的山地相比具有更冷和潮湿的气候条件。在佛罗里达（Florida）的南部，对自然湿地过度开垦来种植蔬菜、糖类植物和柑橘属水果作物可能已经导致了冬季结冰现象更加剧烈与频繁。其中一场灾难是在1997年，导致了超过300万美元的损失以及10万迁居的农业工作者没有了工作。这个因农业耕作而造成的结果十分讽刺，因为在一开始农民迁居到佛罗里达州的南部正是是为了躲避毁灭性的冬季冰冻。城市最终形成自己的气候系统，正如在城市铺设的深色道路，在屋顶吸收太阳能，以及制造的城市热岛效应。与附近的乡村地区相比，城市的温度要高1℉～6℉（0.6℃～3℃），少15%的阳光，少6%的相对湿度，降低20%～30%的风速，多了5%～15%的降雨量（包括由本地气温对流导致的暴雨）。

只要人类活跃的将自身影响施加给土地，我也许可能短暂地阻止更大范围的土地退化，但是正如中国、尼加拉瓜以及美国的洪水和中东地区的沙漠所显示的，报应是无可避免的。人类对土地的影响已经公认有1000余年，正如柏拉图（Plato）曾在公元前360年悼念："这里只剩过多躯体的尸骨……所有肥沃且柔软的土壤将消逝，只遗存着大陆的骨骼……不断流失的水将裸露的土地携入海洋……曾经涌泉存在的地方如今只剩恐怖的回忆。"

第二部分

生态学

保守派生物学家贾雷德·戴蒙德（Jared Diamond）在他的题为"我们必须通过杀死鹿来拯救自然吗？"（Must We Shoot Deer to Save Nature?）的文章中，通过讲述位于内布拉斯加州奥马哈市（Omaha, Nebraska）附近一个1300英亩（530公顷）的丰特奈尔森林（Fontenelle Forest）自然保护区的故事，描述了一个艰难但是常见的情境。在这里，鹿因为缺乏天敌，比如狼，已经因为繁殖得过多而吃掉了大部分的树苗和低矮灌木，严重破坏了森林的生态系统并且限制了其自我修复能力。整个北美地区的郊区和远郊社区都面临着类似的挑战，鹿种群数量的失控不仅造成了生态系统的变化，还使得人类莱姆病发病率提高，农作物被鹿践踏、花园被这些食草动物吞食。在丰特奈尔森林和其他地区，决策者只有两种选择：或坐以待毙让鹿群继续践踏原生植被，或通过消灭公众呼声明显较高的本土动物来进行干预。

为了解决这样的生态问题，土地利用专家需要了解种群和生态系统的运作方式。接下来的三个章节简要介绍了生态科学，侧重于与规划师、设计师和开发商关联最大的分支学科。

如果对丰特奈尔森林的鹿种群不加以控制，可能会产生的影响之一就是将会改变森林的物种构成，比如成龄大树逐渐死亡，并慢慢被鹿不爱吃的树种所取代。在第4章中，我们讨论这种生态系统变化的现象，可能会随着时间的推移，由诸多因素引起：比如不同物种之间的相互作用和人类活动（如农业种植和伐木）以及各类物理事件（比如火灾和风暴）。这些变化或急或缓，有些可预见，有些则无法预测，但在塑造一个特定地区的生态环境中都将起到重要作用。

特别是与丰特奈尔森林有关的问题：鹿与其他物种在其生活的环境中如何相互作用，以及导致鹿种群数量上升和下降的原因。这些问题将在第5章由社会生态学和种群生态学领域重点解决。这些分支学科与致力于研究其所在地珍稀濒危或其他敏感物种土地利用的专业人士紧密相关。例如它可能是决定一个提议的开发案是否会威胁敏感物种生存的重要因素。

最后，对于给定地点的给定物种的管理，如丰特奈尔森林鹿的管理，将会极大地依赖景观环境。在第6章中，我们研究整体景观的运作原理：土地功能分区如何影响其运作，自然区域的连通性或破碎性如何影响不同物种的生存能力，以及能量和营养元素如何通过景观流动。这些主题与土地利用直接相关，并且给设计师和规划师提供了关于提高其项目生态兼容性的具体建议。

第 4 章

随时间流逝改变

　　这里有一个小测试。观察图4-1中的两张地图。哪幅地图是1830年马萨诸塞州中部的景观？哪幅描绘了1985年该场地的景观？另外，我们可以从中看出这一景观未来会有怎样发展趋势？当一位作者把这两幅地图展示给他七岁的儿子时，和其他被精心教育成为生态环境保护者的孩子一样，他认为显示森林景观的是旧地图，被公路覆盖、森林被砍伐的地图是最近的地图。但他错了，今天的马萨诸塞州中部是树木丛生的，而1830年的森林很大部分被当地居民砍伐。为了了解如今北美景观的形成过程，让我们仔细回顾一下马萨诸塞州中部的历史。这段历史值得我们去研究不是因为它的特殊性，恰恰是因为它如此平凡：它揭示的这些理念几乎适用于任何地方。

马萨诸塞州彼得舍姆（Petersham）的生态和土地利用的历史

　　在很多人心目中，自然生态系统是坚固稳定的，几乎没有随着时间而改变，就好像岩石层一样。然而，近些年来，生态学家已经开始着力于制定更为动态的生态系统概念。一个生态系统，无论是古老的森林还是人为干预的系统，正如在马萨诸

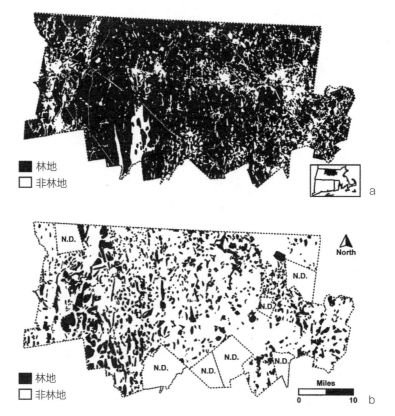

图4-1　1830年和1985年马萨诸塞州中部的地图，图中黑色的部分表示森林。哪张地图对应哪个时间？看本文可以找到答案。[图片均由约翰·奥基夫（John O'Keefe）和戴维·福斯特（David Foster）提供]

塞州中部发现的那些一样，既有如我们今天看到的已经形成的特定历史，也有未来将会构建形成的内在动力。

彼得舍姆是1733年由欧洲人首次入驻的一个小型农村社区组团，位于马萨诸塞州中部。在这之前，它有漫长而复杂的生态和人文历史。大约1.5万年前，马萨诸塞州以及其北部的地区被冰川所覆盖，这些大片的厚达一英里的冰冲刷着地貌，并从基岩中刮削出土壤。在这一过程中，冰川作用给景观带来了大量的砂和岩石。这导致了此地区的土壤很新（晚于15000年）很薄，并且具有石漠化的特点。

随着气候的变化和冰川消融，日后成为彼得舍姆的正是当时迁移到此区域的第一批生物群落。随着13000年前冰川消融而来的第一群落是苔原，很像如今加拿大北部的群落。大约1500年后，云杉-冷杉林形成，并在大约2000年后被松树林所

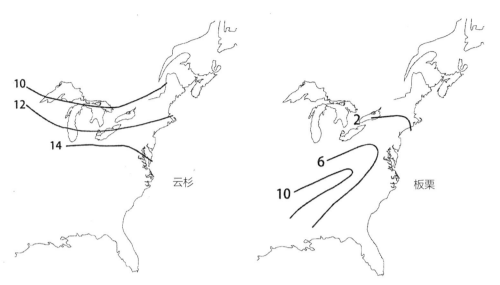

图4-2　在15000年前，冰川在最后一个冰河时代末期开始消退，不同的树种以不同的速度在北美向北迁移。正如这些地图所示，云杉北移比板栗要早得多。这些图中的数字代表几千年前每个树种的北移程度（如："2"代表2000年前）。[玛格丽特B·戴维斯（Margaret B. Davis）重绘地图，"北美东部和欧洲的落叶林的第四纪史"（Quaternary History of Deciduous Forests of Eastern North America and Europe.）。密苏里植物园Annals of the Missouri Botanical Garden 70（1983年刊）：550-63]

取代。随着时间的推移和气候变暖，很多物种能够自发地向北扩张，并被其他更能适应温暖气候的南方物种所代替（图4-2）。

大约一万年前，在与松树林迁移到这一区域的同时，人类也出现在这里。两千多年后，很多落叶树种，包括橡树、桦树和山毛榉，迁移至此，并表现出较强的适应性，从那以后落叶林开始占领该区域。大约3000年前，栗树迁入了马萨诸塞州中部，至此实现了一直持续至今的树种格局。

在公元1000年左右，土著美国人开始在这个区域里尝试进行农业活动，除了采集野生植物和狩猎外还种植玉米。除了砍伐森林以清出场地种植庄稼外，这些人还经常使用低烈度的火来改善其猎物物种的栖息环境，这种做法对该地区的许多森林都产生了严重影响。

当欧洲移民者开始在彼得舍姆地区繁衍兴旺的时候，该地区的森林主要是由松木和阔叶树组成，如橡木、板栗、山核桃、榉木、红枫树等等。但是在欧洲人在此定居后的100年间，许多城镇的森林都被砍伐：砍伐者开始是自给自足的农民（大约从1750年至1790年），然后是从事商业性质农业的农户（从1790年到1850年）。到1860年，彼得舍姆地区大约只有15%的土地被森林所覆盖（图4-1b）。那个时期的景观以牧场景观为主。最肥沃的土地被用来耕作农作物。然而，从19世纪中叶开始，随着农场和牧场在中西部和西部地区的开放以及这些偏远地区与东部的城市市场之间轨道交通的发展，许多新英格兰的农场被废弃，彼得舍姆也不例外。到了1900年，大约50%的城镇再次被森林所覆盖。矗立的松林覆盖了许多荒废的田地和牧场，与此同时，治疗荒废土地的专业医生——灰桦木、白杨和樱桃，将其他废弃的农田填满。世纪之交带来了能够快速成材的白松，但是天然森林再生的整体趋势一直持续到1937年，80%的镇域被森林覆盖。第二年，即1938年严重的自然灾害带来的影响足以与定居者对森林的砍伐相抗衡。一场凶猛的飓风通过英格兰席卷而来，产生了很严重的破坏，特别是影响了以白松为主的森林的更新生长。彼得舍姆地区的森林组成也因为大约在1900年偶然从亚洲传来的栗疫病菌（Cryphonectria parasitica）而发生变化。到1940年，该疫病已将曾一度在东部地区森林里兴盛的板栗树基本清除。如今，在21世纪初，定居者创造的田地和飓风造成的荒芜都再一次被森林所掩盖，森林覆盖了整个彼得舍姆地区近90%的景观（图4-3）。

这些生态性变化正在发生，与此同时，人类的价值与彼得舍姆地区生态系统的利用也正在改变。例如一份1952年的该城镇规划文本研究了居民可以利用多种方式从林业和农业的不同部分中获得更大收益。到2003年，曾一度由于其生产潜力被重视的土地对于优美风景的建立、娱乐活动的发生、野生动物栖息地和流域的保护都是非常重要的。考虑到这些价值，该镇2003年总体规划在引导控制波士顿城市远郊扩张问题时，在一定程度上考虑到了城镇的历史本土景观。

正如这段短暂的历史所表明，彼得舍姆的生态环境随着时间的推移受到了人为因素和环境的相互作用而被制约和改造，包括冰川的到来和消融、土著美国人和欧洲殖民者对于土地利用方式和实践、飓风以及生态的相互作用。这些变化出现的时间在影响着规划师和设计师的工作，并且研究这些变化有助于预测这个区域的未来。其他生态变化发生在更长的时限里，如在图框4-1中所讨论的。

图4-3　现代的马萨诸塞州的彼得舍姆地区。在19世纪，这一景观多由农田组成，但现在又一次被森林所覆盖。

生态系统的改变有些可以预见：气候与演替的影响

生态系统不断发生变化，但是两类可预见的变化从中脱颖而出。第一类与气候变化有关，此前，气候变化伴随着冰川的融化，以及目前由于人类排放的温室效应气体而导致的全球气候变暖。在数千年的时间里，生态学家可以预测，随着冰川从北美中纬度地区消退，不同的生态群落将会按照特定序列迁移到冰川留下的生态空隙中。人们会期待苔原首先出现，然后是以针叶树为主的森林，随后将是大面积的落叶树林。更久远的预测是随着冰川持续北移，每个群落也将随冰川北上，逐步被其他从南方迁移过来的群落所取代。

生态学家将基于部分目前现有的模式进行预测。苔原群落存在于阿拉斯加和加拿大北部冰川的正南方向，苔原的南方有大量的北部云杉-冷杉林，阔叶林在更南部的地区。由于大量的植物品种能够健康地在南方和东方存活，当冰川达到最大限度的时候，这些一般群落的类型是能够被合理预测的。

如果全球气候变暖确实如同现在预测的那样严重，生物学家预测，彼得舍姆地区的生态群落将会再次北移，而气候变暖地区的南部群落，如橡木-山核桃林将会入驻该地区。这些预测部分基于对于彼得舍姆以南地区的植物群落如何随着冰川消

图框4-1
长期的背景信息：随着历史灭绝和波动

　　地球自从早期出现生命开始，就在持续地获得和损失生物多样性。在近40亿年来，生物多样性已经相当繁盛。无数的物种进化、多样化和灭绝；很多已经消失的新物种组合形成新的生态群落类型；很多突变产生的新基因也都已经消失得无影无踪。地球的生物多样性就好像那些法国厨房里在炉灶上煨着汤的锅：锅一直不变，一直在煨汤，但是汤的成分和组合一直不断变化。

　　通过对化石的检测，尤其是那些硬壳海洋生物如贝类，生物学家已经了解到即使生命总是不断发展新形式，物种也在不断濒临灭绝。海洋无脊椎动物类化石的研究表明，这些物种的典型的"生命周期"为1万～10万年。陆生脊椎动物的平均水平约为100年；换句话说，大约每1000年内，就会有千分之一的陆生脊椎动物灭绝[1]。因此，随着个别物种从生命之锅里消失，地球上有生命存活的地幔在持续经历着恒定平缓的灭绝速率。

　　在生命的历史长河中，地球生活经历了5次与背景灭绝性质截然不同的大规模灭绝[1]。其中最有名的当属发生在大约65万年前白垩纪结束时期的恐龙的灭绝——

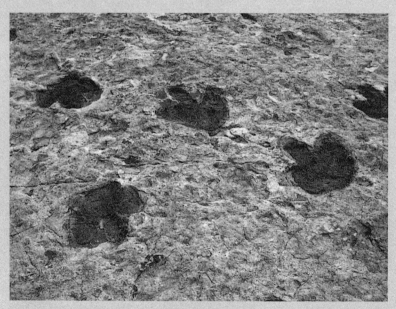

图4-4　恐龙在地球上居住时间超过1.5亿年，但是在大约65万年前灭绝了。他们留下的只有这些来自科罗拉多州（Colorado）的化石和脚印。

虽然影响最深远的灭绝实际发生的要早很多，大约在2.25亿年前的二叠纪末（图4-4）。在该事件中，多达约95%的海洋生物灭绝，导致陆地生物的比例升高。所有的生物大灭绝可能由很多事件引起，并且都发生在人类出现在这个星球上之前。白垩纪恐龙（以及许多其他的物种）灭绝的出现是由于尤卡坦半岛附近被小行星碰撞引起的广阔的灰尘云。灰尘遮蔽了阳光，杀死了世界上绝大多数的植物，并导致了许多以植物为食的动物以及它们捕食者的灭绝。二叠纪的生物大灭绝可能是由于在所有大陆合并成为一个泛古陆时期，气候和海平面的波动所产生，但最近的很多研究报告也显示可能与其他小行星或陨石的撞击有关。古生物学家从化石的记录中了解到，地球生物群从大灭绝中恢复大约需要1000年到1亿年的时间[2]。

显然，生物多样性的丧失是既定的结果，无论是无时不在发生的背景灭绝还是罕见但猛烈的生物大灭绝。然而，如今有了一个引起灭绝和生物多样性丧失的新力量：人类在地球的霸主地位。与早期由地质变化或天外来客造成的生物大灭绝不同，这种大灭绝是地球上的物种之一造成的。早期，如同非洲类人猿的进化，他们的影响与其他食肉动物没什么不同。虽然随时间的推移，由于人口的增长和技术的应用，这种影响也增强了。如今，作为在这个星球上占领主导地位的脊椎动物，人类对于生物多样性的影响超过过去以及现在的其他任何物种。巨大的生物大灭绝正在再次进入地球的生命之锅，并将其中很主要的内容舀走。

由于很难证明任何特定物种的存在性，记录目前物种灭绝的速率是很困难的，但是很多自然资源保护学家估计，如今的生物灭绝速率大概是背景灭绝速率（人类出现以前）的1000倍[3]。然而，由于当某一物种超过50年没有被观察到的记录才会被生物学家认定为灭绝，那么我们无法了解，今天的行为会对生物多样性造成多大的影响。甚至还会有很多物种在被人类记录观察到以前就灭绝了。

当第一次由物种造成的生物大灭绝事件结束时，生物多样性还能保留多少？地球需要多久才能恢复从前的生物多样性水平？随着人类人口将在21世纪中期达到80~100亿，为了几十年发生的事件将会确定地球生物多样性的存留数量。若给定蓬勃发展的时间和空间，原生生态系统和生态群落往往都可以恢复，但一旦物种灭绝，将万劫不复。我们是去阻止这么多地球生物资源的流失？还是袖手旁观直到面临整个星球的灭亡？

注释：

1. 斯图亚特·皮姆等人，"生物多样性的未来，"科学269（1995）：347-50。Stuart L. Pimm et al., "The Future of Biodiversity," Science 269 (1995): 347-50.

2. 爱德华·O·威尔逊，生物的多样性（剑桥，MA：哈佛大学出版社，1992年）的多样性，P. 330。Edward O. Wilson, The Diversity of Life (Cambridge, MA: Harvard University Press, 1992), p. 330.

3. 威尔逊，生命的多样性。Wilson, The Diversity of Life.

融和当地气候变暖所改变的研究。通过这种方式，了解过去15000年的变化将会帮助我们预测一些未来一两个世纪内将会发生的生态变化。

气候的影响似乎相当直截了当：如果当地气候条件变暖（或冷，或潮湿，或干燥），那么生态学家就可以准确地预测出植被类型将会发生的变化。然而，与生态学的其他因素一样，这种预测并不能保证精确。一位只知晓13000年前北美植物群落组成的生态学家并不能够精确地预测如今的群落。事实证明，许多我们如今熟知的常见植物群落，比如北方阔叶林或山毛榉枫树林，在13000年前并不以相同的方式存在。相反，组成早期群落的物种被重新安排，分配到不同群落里，形成我们如今看到的生态模式。因此，我们的原始生态学家可能准确预测了我们今天看到的常见的模式——遥远北方的苔原，南部冻土地带的云杉-冷杉林，以及更南部的阔叶林和针叶林——而不是我们现在看到的植物群落的组成物种。

第二种相对可预测的变化就是给定地点生态群落几年或几十年的演替过程。演替的发生就是不同物种定植在一个地点，并随后被其他物种所取代。正如彼得舍姆地区被废弃的农场，例如，附近林地和森林的种子在旧牧场和翻耕的土地上扎根。正如生态学家所期望的那样，一年生草本植物迅速在这些区域繁殖，并很快被多年生草本和灌木取代，进而，被所谓的先锋树种取代——如白松木、灰桦木、白杨、樱桃——被大量易传播的种子带到此处并迅速成长为幼龄林。在新森林郁闭树冠的保护下，另一组树种开始生长。这些演替后期（late successional）的树种，如橡树、山核桃、板栗、糖槭，与先锋树种不同，在阴暗的条件下发芽，生长良好。在这几十年中，后期演替树种取代众多先锋树种，过渡到成熟林。

　　演替总体上在全球森林景观均以同样的方式运作。然而，即使在一个很小的区域中，这个过程也绝不像所描述的那样简单。大自然的奇思妙想——包括不寻常的天气，重挂果年份（被称为丰年），以及具有空间异质性的地点——都能够引起演替格局的巨大改变。一个细心的观测者会注意到，许多早期定植的物种会有很小的种群还会在之后的历史时期出现，如同许多演替后期的物种在早期作为很容易被忽略的小树苗出现一样。

　　了解当地的演替模式可以帮助规划师和景观设计师预测一个景观或者特定的一片土地在20年、50年或者100年间的变化。演替的过程意味着我们现如今看到的景观很可能在几代以后就截然不同——那些对于未来的规划必须认识到，演替可能将充满泥沙的浅水塘转化成为草地，并将开放的土地转化为森林。如果设计师想将景观维持成他们今天所做成的样子，他们不得不有效地管理土地——例如，通过池塘清淤以及砍伐或烧毁先锋木质树种。除了演替之外，全球气候变化可能会对一特定区域的植物以及动物的种类产生深远的影响。如果我们要维持任何现状的景观，就需要进一步的管理和维护。

生态系统变幻莫测，时而有干扰效应

　　尽管演替的模式和应对主要气候趋势的生态变化都是可以合理预测的，但打乱生态系统的干扰因子却难预测得多，至少在小范围和短时间内是如此。干扰是指任何通过改变环境条件或供给生物群的资源重置了演替历程的活动。它可以是自然物理活动如飓风、滑坡或大火，自然生物活动如害虫或疾病爆发，也可以是人为的活动如耕地、伐木或采矿。所有类型与范围的干扰活动往往通过提供物种所需的光照、水分、营养物和土壤等等来开拓出适于先锋物种的栖息地。

　　为了了解不同干扰对生物群落的影响，不妨将生物群落根据尺度、强度和频率进行分类。比如说，像一棵造成森林小缺口的塌树这样小范围的干扰与像1988年蔓延了一百万英亩（即4万公顷）的黄石公园大火这样大范围的干扰具有十分不同的生态作用。同样地，一个草地生态系统对于起火或虫害爆发这样偶尔大规模的干扰和对于牛吃草这样长期大规模的干扰，也将做出不同的反应。在许多情况下，强烈的或长期的干扰不仅改变一个生物群落的物种平衡，而且将通过一些方式产生更加长远的影响，如改变土壤特性或者从系统中完全地移除主要物种。

"干扰"一词可能是个不幸的选择，但它被生态学家们在历史上使用过。正如最近生态学家威廉·特鲁里（William Drury）在他的《机会与改变：环保主义者眼中的生态》（Chance and Change：Ecology for Conservationists）一书中注解的，许多早期的生态学家认为自然通常是保持平衡的，并将这些打乱平衡的活动描述为"干扰"。近来，生态学家们已经承认某些类型的干扰是生态系统随时间发展的一个自然组成部分。比如，由于在不同尺度上的重复性干扰（和随后的演替），很少有自然森林是同龄存在的，所有的树都同时发芽。干扰和演替的重复性和随机效应被称为"干扰机制"，它给了森林或其他生态系统斑驳的外观和许多不同年龄段的存在。不同年龄的森林斑块创造出非常不同的小气候和小生境，导致生态环境多种多样，滋养了比一个同质同龄的森林所能容纳的更多的物种。因此现在，生态学家们认为生态系统并非一个单一的生态群落，而是一个各群落在不同演替时期变化着的混合物，由一个共同的干扰机制将所有这些结合起来。

自然干扰的类型

本部分讨论几种自然干扰类型的起因和结果，并根据古希腊科学家认为的四个基本元素——土地、空气、火、水及第五元素——生物进行组织。通过这个讨论，我们将着眼土地利用专业人士如何能将干扰过程的知识应用于改进规划和发展成果的问题上。

土地

土地本身产生干扰，如火山运动和地震。火山喷发可使生态岩层付之一炬，只留下被贫瘠灰尘和岩浆覆盖的景象。但或许土地干扰最常见的形式还是滑坡，部分山体塌陷或滑动拖倒了小型林下植物和成年的大树。通常被留下来的都是有机物鲜少的矿物土壤，这为先锋树种的殖民提供了领土。

但即使是像产生了有史以来最大滑坡的1980年圣海伦斯火山（the Mount St. Helens）爆发这样巨大的干扰，仍有数量惊人的生物"遗产"留下来帮助生态系统修复。地下动物如蚂蚁、囊地鼠和鼹鼠，被雪保护的植物和沿滑坡顶部生长的根系与球茎都促成了一个非常快速而零碎的生态群落的修复，也给研究200多平方英里（500多平方千米）受到严重干扰的栖息地的生态学家带来了惊喜。

图4-5　如图所示，滑坡在林区开辟出裸露的土壤。

空气

风暴是一种强效型的干扰，比如1938年大飓风扫平了许许多多的新英格兰森林，而且风的影响会作用于各种各样的尺度。本书的一位作者记起自己带领一队研究生初步了解一片森林。他们一度听到像火车靠近的声音，接着是明显有一棵树倒在森林中的声音。那天稍晚些的时候，他们遇到另一队上这门课的学生，这些学生说听到了相同的风声，而且见到一棵大树被连根拔起并正巧落在他们前面。这样的塌树时有发生，但没有一棵塌树是可以预测的。大部分不曾被人类砍伐的森林包含各种年龄层的树木，包括种子、幼苗、成年树和死亡树。随着时间的过去，塌树和它所产生的缝隙有助于创造不同年龄层树木的混合物，这在大部分森林中是很典型的。

尽管气象学家可以预测50~100年后的某一时刻一场飓风将会袭击美国东海岸的某个部分，但他们无法提前几天预测出特定飓风的轨迹、严重性或影响。当剧烈风暴来袭，它可能会摧毁数千英亩或公顷的森林，甚至更多。像1938年破坏性飓风后，这些受灾的地区开始生长出大片同龄的树群。大体上，尽管没有科学家能预测风或大风暴对于局部的精确影响，但生态学家能自信地说出一片给定的森林最终是否将遭受来自风的干扰，不论是像那些学生经历的那样局部的影响，还是在更大的区域，像毁坏了大部分新英格兰的1938大飓风那样。

火

许多本土生态系统，如北美黄松林、北美油松–胭脂栎混交林和牧场都遭受频繁的火灾。从护林员的角度来看，一场大火可以在极短时间内摧毁大面积的名贵木材。从生态学家的角度来看，一场大火可以创造出有助于在特定状态下维持一个自然群落或回到一个特定状态的生态环境。例如，在多类草地上，如果没有频繁的火灾来消灭木本植物，树木会开始生长。最后，不曾被烧过的草地会长成疏林草原甚至森林。

美国西部的北美黄松林就是个好例子可以说明没有规律性的大火会使许多森林发生什么。历史上，许多北美黄松林每十年左右发生一次低强度的火灾，这有助于阻止灌木丛的形成。没有这样的小火，灌木丛会累积并为更大的火灾提供燃料。两个人为干预的步骤可以增加森林中的灌木丛数量：觅食家畜减少草的蔓延，那些草在自然状态下长势超过北美黄松幼苗；人为抑制森林火灾，这导致大量松树苗的增长。在某种程度上，由于人类的管理实践，大量森林火灾每隔几年就会烧遍西部的一部分地区。最近北美黄松火灾的例子包括2000年新墨西哥州的洛斯阿拉莫斯大火和2002年科罗拉多海曼大火，它们分别烧了50000英亩和137000英亩（即20000公顷和55000公顷）。

相比之下，低强度火灾通过清理出森林的下层林木使某些动植物得以茁壮成长。如果森林的腐殖质层（落叶与顶层土壤）没有被严重烧毁，大量草本、灌木和静静躺在土壤种子库中的种子可能会马上萌芽。

一些大型火灾通过杀死森林树冠层的成年树，大大增加了到达地面的阳光量和隐藏在死树灰烬中的营养物质如磷和钾的可获取量。这些改变导致任何幸存于地下的种子和可以从树桩上萌芽的树飞快成长起来。然而有些大火太过炙热以至于破坏了种子库，那么这些森林就只能等种子从燃烧区域外来到这里时得以再生。这是在1938年经过特别严重烧毁的美国黄石国家公园部分地区的例子，即使在12年后那里也鲜有树木再生（图4-6）。

图4-6　美国黄石国家公园遭受巨大火灾12年后，一些地区仍然鲜有再生。在这张2000年的照片里，1988年大火的死树枯骸间几乎没有松树苗重新开始生长。

水

　　洪水可以有各种规模，发生范围从几平方码到几千平方英里都具有重要的生态性影响。1993年密西西比河和密苏里河大型洪水是强有力的警示：水可以产生多么巨大的干扰，它在九个州攻破了超过1000座堤坝，损毁大量财产。大量淤积的洪泛平原通常是先锋物种的最好领地，而次严重的洪泛地点是偏好湿润土壤的树种的最好领地。于是农民们便利用洪水过后覆盖着洪泛平原的肥沃淤泥。事实上主要的谷类作物本质上都是早期演替的物种，它们从农民那里得到一些帮助：农民将它们的种子分散在干扰后最好的栖息地里，即新耕的田里。

　　小范围的洪水也是特定区域内物种混合的关键。马萨诸塞州海恩尼斯的玛丽邓恩池（Mary Dunn Pond in Hyannis）是世界上关于沿海平原池塘的最好案例之一。一批珍稀的草本开花植物沿着池塘边盛开，但这个群落仅靠周期性洪水存活下来。在特别干旱的几年里，水分蒸发收缩了池塘，开拓了岸线植物的新领地。低龄油松很快沿着前面的岸线生长起来，减少了水岸草本群落的栖息地（彩图4）。在松树还只是幼苗时，如果池塘的水平面上升了，松树就会死去，并放弃宝贵的水岸栖息地，退到开花植物后面。然而，如果干旱继续，松树开始成熟，它们就能更好地抵挡洪水，而池边群落也许会被挤到松树和涨水之间。在这种情况下，洪水和干旱都是池边植物长期健康的关键。

生物

生物干扰是不连续或进行中的，植物、动物、病原体的繁殖在其中深深得改变着自然群落的功能。以入侵种舞毒蛾爆发为例，它在20世纪70年代晚期到20世纪80年代早期的北美东北部是如此臭名昭著，甚至具有自然四元素般的影响力。本书的一位作者清晰地记得6月的某一天穿过一片马萨诸塞的森林，那些年里树木几乎是完全光秃的，就像深秋一样。初夏时漫步在犹有一些树叶的森林里，会伴随着像小雨的声音，那是数以千计的蛀屑球和昆虫粪便不断滚落。虽然大部分健康树木可以抵挡几年的落叶，但长期的舞毒蛾虫害传染有能杀死许多树的潜在问题。

尽管由于本土物种没有演化出生存策略来对付它们，外来生物体频繁引起生物干扰，但在没有引入的外来生物时生物干扰也会有规律地发生。从小范围来看，森林中的树木可能输给许多不同的虫害或病毒疾病，最终死亡并产生林盖的缝隙。从更大范围来看，生态学家已经发现了强有力的证据，在大约五千年前，几乎可以确定是由于某种铁杉无力抵挡的害虫或疾病，铁杉树（*Tsuga canadensis*）最终在北美东部森林中消失。铁杉树在大约一百年后重现，但已无法重获它们早年间在这些生态群落中的优势。

不同类型自然干扰间的相互作用

把土地、空气、火、水和生物作为干扰源来区分可能有些随意，因为这些种类间经常共同创造有力的干扰。大风经常伴随着大雨，大水浸泡过的土壤不能很好地支撑树木，所以它们的影响会被翻倍。风也会煽动火使其更强势。

发生在大火之后的雨水会引起严重的侵蚀和洪水，因为正常情况下固土的植被覆盖大部分将死去，土壤表层也会被火烤成硬片。烧及12000英亩（5000公顷）的布法罗河火灾发生后两个月，当大雨落下，这种火与雨的组合就发生了。结果洪水造成1.5千万的财产损失，2人死亡，阻碍和污染了丹佛市的水供应。外来物种入侵同样也会削弱本土植物，所以相比于其他干扰它们更易受影响，或者说在旱地上有外来草的情况下，它们会增加火灾发生的频率。

物种如何回应干扰

出于一个生态观点，大部分自然干扰不该被看作坏事而是生态系统功能一个必须的部分。一片草原没有火可能无法成为草原，因为树木会取代这种景观。河流洪泛平原随着偶尔的泛滥而繁荣，因为富有营养的淤泥会随洪水而来并在洪水停止后留下。当水平面恒定时，沿岸平坦的池塘边会失去它们代表性的物种组合，因为先锋物种无处生长。事实上，干扰对大部分地区的生态是必需的，这样许多有机体才会适应进来并帮助它们应对当地的共同干扰，它们实际上也需要这样的干扰。

应对干扰

如果一个生态系统规律性地经历某种干扰，那么生活在这儿的动植物种群需要使其适应于抵抗或者从这些干扰中修复。以红杉树（*Sequoia sempervirens*）为例，它有厚厚的树皮并能从根上或树皮下休眠的芽中萌发，这使它们既能抵挡火又能在灾难性的大火后重生。相似地，北美中部的大草原遭受过数千年的大火，当草原上的草干燥时，它们是极好的燃料。夏季的雷雨自然会引起火灾，而考古学和历史学的证据显示美洲原住民会用火来控制猎物的数量。大部分草原上的草很好地应对火烧：火焰将地面上死去的叶片清除，使更多阳光供给地下幸存植物生长出的新叶。然而，许多生长在这里的树种不能很好地应对火灾。事实上看来，规律性的大火有助于很好地将草原和森林间的分界线移动到大火发生地的东侧。

在其他生态系统中，一些树种从火灾中获利。在美国东北部，大火横扫了许多没有火灾防御力的树木如铁杉、山毛榉、糖枫和红桦后，橡树、山核桃、红枫很好地从烧焦的木桩中发芽。

动物也同样应对着干扰。比如，已使美国东南部苦恼了好几个世纪的入侵红火蚁（*Solenopsis invicta*）就原产于潘塔纳尔（the Pantanal），那是巴西的一大片淹没了的草原。在那里，为了对付它们地下巢穴定期的泛滥，蚂蚁们培养出能用它们聚集的身体形成大浮球的能力，用来保护蚁后和她的幼蚁免受洪灾。这种避开洪水影响的能力使它们躲过家庭消灭虫蚁方法的危害：把水倒进它们的巢穴。

需要干扰

因为干扰是许多生态系统的规律性特征，大量的物种已经发展到在其生命周期中需要一些形式的干扰。一些树种比如红杉（*Sequoiadendron giganteum*），只有当它们落在火后裸露的矿质土壤中才会发芽。相似地，许多美国黑松（*Pinuscontorta*）单体和北美油松（*Pinus rigida*）的球果实际上需要遭受高温才能打开并释放出它们的种子。如果没有大火，这些树被留下来，它们的球果关闭，种子受限，导致这些树再也不会繁殖。在某种意义上，高草草原上的草和草本植物都需要火来存活，因为没有火，这些草原会被树入侵，会最终成为疏林草原，甚至是树冠闭合的森林。其他物种如加拿大铁杉需要不同形式的干扰来完成它们的生命周期。铁杉幼苗在浓荫下可以存活几个世纪，只有当一棵塌树在林盖上打开了光隙才能成熟。

人类群落环境下的干扰

先前的讨论解释了自然干扰是多么有帮助，对确保物种个体的存活和整个生态系统的长期持续是多么必要。然而一些干扰，尤其是某些人为导致的干扰，会危害一个生态系统，因为它超过了其自身在短期内再生的能力。可能是这种情况，例如，数十年来人们对火的抑制所引发的被大量燃料强化的破坏性森林大火，以及砍光本土森林、重植速生非本地树种的伐木操作。不论发生何种情况，从干扰结束到本土生物恢复都可能要花上数十年。

大量人为引起的干扰甚至永久改变了生态系统的非生物组成，以至于本土生物的再生实际上是不可能了。比如全球农业区地表的腐蚀和盐碱化已经导致一些地区的土壤十分贫瘠以至于无法再像曾经那样供养当地的生物。这些土壤可能要花费几百年或几千年来逐渐建立以前土壤肥力的深度和水平。从更小的范围来看，铺路和表层采矿工作是另外两类人为引起的干扰，它们可能会导致生态系统的长期改变和欠考虑的人为努力来使该地恢复到它们之前的状态。

在维持本土生态系统方面，并非所有自然干扰都是好的，并非所有人为干扰都是坏的，指出这一点是很重要的。一些灾难性的自然干扰，如一次火山爆发或那次被认为在65亿年前引起物种大灭绝的小行星撞击，要在经济和生态上付出巨大的成本，当然如果可能的话，人类应当避免创造这种量级的干扰。相反，一些人为引起的干扰，比如轻林业（light forestry）和以长休耕期来改变耕种，是小范围的而且对本土生态系统少有负面影响（有时甚至有积极影响）。在人为干扰模仿自然干扰的地方，它们不易于有过度的负面作用。总体上，虽然生命体已经发展为能和这种在栖息地经常发生的"背景"（非灾难性的）自然干扰共生，但它们无法和大范围、高强度的人为干扰共存。在最宽广的角度上，规划者和设计者可以通过寻找保持或复制自然干扰过程的方法和限制人为干扰落在本土物种已经可以忍受的扰动范围内来帮助保护本土物种和生态系统。我们将在第9章详述这个原则和它在土地管理这个部分的应用。

一个关于自然干扰过程的认识，不论对提升保护目标还是对保卫人类社会都是非常重要的。对许多土地利用专业人员而言，自然干扰是潜伏在壁橱里的怪兽：它们有危险性并会在任何时候爆发，但是许多计划和设计似乎都装作自然干扰不存在。自然干扰是不确定的：没有一个生态学家或气象学家能准确说出一个特定的干扰是否或何时会袭击一个特定的地方。然而，游览生态学知识和当地的历史，科学家们能提供有效的洞察和一些关于在此地可能的干扰的预测。通过研究一个地方的干扰或气候历史，专家们可能做出以下类型的预测：在接下来的10年间有50%的可能会有4级飓风袭击这座城市；这座森林在之后25年里有10%的可能被一场大洪水影响；这棵树在下世纪有25%的可能被一场风暴连根拔起；一场大火平均每50年会扫过这片草原斑块。

应急管理专业人员根据它们复发的频率对许多类干扰的大小进行排序。比如"25年一遇的洪水"、"百年一遇的地震"。这个系统一般是有所帮助的，但仍需提醒大家的是：首先，各地并没有充足历史信息来准确知道大型干扰活动多久会复发（比如500年一遇的洪水）。取而代之的是，大活动的重现间隔时间是由小活动频率通过不完全可靠的公式推测出来的。第二，重现间隔可能意味着误导性的安全感。例如"我们这里刚经历了大洪水，所以我们一段时间内不会再有另一场洪水。"事实上，相反的例子比比皆是：部分密西西比河在1993年五百年一遇的洪水后仅两年内就经历了一场百年一遇的洪水，而波士顿在1990年晚期不到三年时间的内经历了两次百年一遇的降雨。

第三，气象学和生态学的预测假设当地的天气情况会继续和过去的情况一样。这是个变得不太确定的假设，因为全球气候变化的影响生效了。如果极端天气事件变得更加频繁，20世纪500年一遇的洪水可能变成下世纪10年一遇的洪水。最后，区分天气事件严重性和生态系统与人类社会影响的严重性是很重要的，它们会被土地利用等因素调解。例如，如果雨水迅速增长并漫过道路分水岭，导致地表径流速率峰值增加，一个适应50年一遇降雨的市政雨水系统在一场10年一遇的降雨时可能变得超负荷。

正如本章阐述的，规划者和设计者需要在其工作中明智地考虑可预见性生态变化的三种类型：干扰、演替和由于气候变化产生的长期生态变化。干扰过程通常对人类和生态群落造成最直接、最真实的后果，并且与几乎每一个规划或设计项目相关。幸运的是，局部干扰过程的信息，如洪水、大火等等，对土地利用人员而言通常是现成的（见附录B）。演替和气候驱使的生态变化在高度城市化的背景下可能不那么相关，但在其他情况下会非常重要，例如在高海拔或高纬度的项目（那里的气候预测会变化得最剧烈）或者包含了轻度管理的景观化空间或开放空间区域的项目。在土地利用专业人士的工作中，检测所有这三个因素是生态尽职调查的一个重要部分，并应该伴随着传统规划尽职调查。

第5章

种群与群落

　　试想一个开发商正计划在你家乡加利福尼亚州北部规划区设立一个新的分部。而传闻称列于美国濒危物种法案（U.S. Endangered Species Act）之中的红腿蛙（Rana aurora）仍继续生活在部分已提议建立的开发区。开发商已经意识到这个问题，并且希望能够合法地、从生态学角度的去正确地处理。因此你决定一同寻求规划这种蛙类的生态学知识。你从《学科指南：西方爬行动物及两栖动物》这样一本标准的、必备的专业资源开始着手。指南上关于红腿蛙的范围地图显示，它们生活于沿美国绝大部分西海岸分布的连续带状空间，这其中包括你所在的地区（图5-1）。虽然地图显示人们沿着这片沿海区域随处可见这种美国西部最大的本土蛙类，但配文说这一物种"常见于沼泽、溪流、湖泊、保护区、池塘以及其他，通常是有稳定水源的地带……在非繁殖期，也有可能在多种高山栖息地中找到它们的踪影。"

　　这张范围地图在描述这种蛙类在哪里生活上基本正确（它并不生活在亚利桑那州或者爱达荷州），但它从一个错误的方向来帮助你解决手头上的问题：如何建立一个部门来保护这种蛙类。要回答这一问题，你需要对蛙类的生态学有一个更加深刻的认识。在这一章节，我们提出几个关键原则来描述生态学上种群与群落的有机体系。这些概念尤其对从事于以下一系列问题的规划师、设计师及开发商有所帮助，这些问题包括：

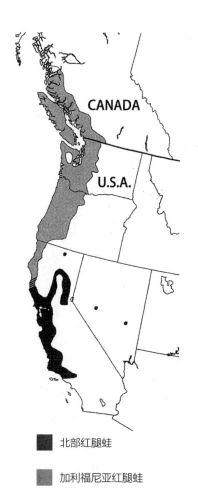

图5-1　这张范围地图表明了红腿蛙栖息于加利福尼亚州北部，但规划师及设计师需要更多的信息来了解这种受到威胁的加利福尼亚亚种是否尤其地生存在这片区域。[地图来自于Robert C. Stebbins，《学科指南：西方爬行动物及两栖动物》，第三版。波士顿：霍顿·米夫林出版公司（Houghton Mifflin），2003]

■ 北部红腿蛙

■ 加利福尼亚红腿蛙

- 决定如何遵从州和联邦濒危物种法案；
- 评估一个开发提案是否会损害特定种群的有机体系；
- 决定哪里应该设置天然区域或者哪里应该为最大化地保护稀有物种的价值而取消开放空间；
- 为当地过量的物种设立管理计划，如加拿大鹅（Canada geese）或者白尾鹿（white-tailed deer）。

生物学组织水平

要彻底搞懂红腿蛙，我们必须首先了解哪些有机体可以被当做是红腿蛙而哪些不可以。这听起来可能很明显，但实际上物种这一术语是生物学中所有术语中最微妙、最难以定义的术语之一。大多数入门的教科书是这样定义一个物种的："所有在自然条件下拥有潜在的杂交繁殖能力的有机体"。更多高阶书籍中可能会讨论20种或者更多相互矛盾的关于这个术语的定义。然而实际上，生物学家并不是用"潜在的杂交繁殖能力"来定义一个新物种，也不是用更多高阶的理论化的构想。反而是让他们的理论基于物理性质和越来越多的基于遗传特性。虽然如此，大多数生态学家认为不同物种的个体鲜少能够成功地进行杂交繁殖。如果它们确实可以频繁地进行杂种繁殖，它们可能是组成了一个高度变异的物种，而不是确切的新物种。虽然物种的概念很重要，但去定义它又是极其不可靠的。一是因为地球上的生命太多样，二是因为物种总是在进化。这让在抉择两个有机体的群体相互之间是否有足够的差异能够组成两个不同的物种时显得极其的主观。

在红腿蛙的案例中，结果却是亚种的概念也同样重要。在范围地图中确切地描述了两个亚种的分布——北部红腿蛙以及加利福尼亚红腿蛙——两种都存在于你所在的区域。这从规划的角度来讲非常重要，因为只有加利福尼亚红腿蛙亚种（california red-legged frog subspecies〈Rana aurora draytonii〉）在美国濒危物种法案中被列为受到威胁的物种。分类学家可能会将亚种描述为：同一个物种下的两个或者多个子群表现出明显的生理上的不同，同时处于不同的地理位置。来自不同亚种的个体能够杂种繁殖（有确凿的证据证明他们来自于相同的物种），但因为地理上的隔离，这两个亚种可能会因为地理隔离逐渐变得不同，也有可能最终变成两个不同的物种。

就红腿蛙而言，大多数物种都生活于不同的种群之中。一个种群是指一个群体，这个群体由所有居住在同一个场所，并且至少在某种程度上隔离、区别于其他种群的所有个体组成。由于土地利用专家通常着手于比所有物种要小的领域，所以种群是相关的规划及设计工作的生态学单位。由于他们相互之间的地理相似性，相对于与同一物种但不同种群的个体而言，一个特定种群的成员更有可能与这一种群中的其他个体相互作用：交配、竞争、合作或者经历领土的争夺。但就像生态学中的大多数定义一样，两个种群之间的划分并不是一成不变的。不同种群的成员确实偶尔也有可能发生相互作用。然而，随着人类在风景上越来越多的影响，如农场、城市、伐木场、道路，自然生态系统正在变得越来越支离破碎。同时个别的种群也越来越受到隔绝。

一个生态群落由该给定区域内生活并相互作用的所有有机体构成。群落以及其无生命的环境，如土壤、水分、营养物以及环境，共同构成生态系统。群落及生态系统都存在于各种尺度下。例如，生活在麋鹿胃中的细菌就形成了一个群落，就如同麋鹿与其他生活在森林中的动物、植物、真菌以及微生物共同构成一个群落一样。在陆地上，群落与生态系统多是由他们的优势物种所定义的，但边界并不明显；相对的，在一个群落与另一个群落之间可能会有一个逐渐的过渡。加之，在不同生态系统及不同群落之间的边界通常是可渗透的。举个例子，沙丘鹤只是部分时间生活于多个不同的生态系统及群落中：它繁殖的遥远的北部沼泽，它过冬的佛罗里达州以及得克萨斯州的湿地，以及它们迁徙过程中路过的田地和湿地。

种群问题

在严重受到人类影响的环境中，种群间的边界会变得相当容易区分。例如，一条8车道高速路会形成一条实际的障碍，将之前本是一体的群落分为两个独立的群落。另一方面，一些鸟类、昆虫，或者风媒传播的植物物种受到高速路的影响较少，仍然是一个群落。在受到威胁的加利福尼亚红腿蛙的案例当中，诸如城市入侵、栖息地分裂的人类影响正导致独立的群落变得更加与世隔绝，与此同时，之前存在的群落也被再分为更小的群落。在本章节后面的部分，我们将讨论为什么趋势对于红腿蛙来说（或对别的物种而言）是成问题的。

种群边界在自然环境下时而易于区分，时而难以区分。对于生活在干旱的大草原的两栖动物而言，每一个池塘都会形成一个独立群落。因为对于那些两栖动物而言，在各个池塘间移动是非常困难的。同样，对于受到由森林包围的小型多岩石露出地面岩层影响的植物，每个裸露岩层都可能会形成一个独立的群落。另外，在一个大范围相对同类型的栖息地中，人们难以区分出广泛分布的物种的边界。能够在相当大的距离分布的生物，如红腿蛙（这一物种的个体被标记移动了2英里或3公里的距离），在栖息地对于它们而言足够近到可以时常从一个栖息地移动到另一栖息地时，它们可能会形成相当庞大的种群。

如果生态学家能提供一个简单的关于一个特定种群所需要用来繁殖的地理区域的描述，那将会很有用。但是这些区域变化很大。举例来说，旧金山燕尾豆娘（forktail damselfly）只在加利福尼亚州的湾区为人所知。但当可以确定所有北美东半部的君主斑蝶（the monarch butterfly〈Danaus plexippus〉）组成了一个种群时，很有可能燕尾豆娘种群只占有一个小于500平方英里（大约1300平方公里）的范围。在受到人类影响的环境内，那里的高速公路以及城市的屏障阻止了有机体的运动，在种群间的边界就可能很明显。在其他情况下，土地利用专家可能需要向生态学家进行咨询以确定这些边界存在于哪里。

种群间的变异

关于任何物种的单一种群的详细调查都表明它们不尽相同。种群间会因为很多因素而表现出变异：它们所包含的个体数、它们所覆盖的地理范围的大小以及它们占领的栖息地的质量。此外，种群倾向于在遗传方面相互区别——有时候表现得很明显。这些基因变种在纽约罗穆卢斯区的美国塞内卡陆军仓库区域（the Seneca Army Depot in Romulus）这些基因变异则非常明显。那里有一个拥有超过200头白鹿的特殊种群。这些白鹿与在这个区域外发现的普通弗吉尼亚鹿（Odocoileus virginianus）是同一个物种。但在1941年建造在这些设施周边的安全围栏将围栏中的种群隔离于这一区域围栏外更大种群的弗吉尼亚鹿。久而久之，在围栏内的种群中白色染色体的隐形基因最终通过遗传学的机会概率成为显性基因。

在不同种群间的基因变异也同样说明了种群在适应当地环境时也会略微有所不同。比如说在一个物种的分布范围最南端种群可能更好地适应温暖的气候，而那些在分布范围最北端的种群则有更好的耐寒性。一个种群的基因多样性对于它的长期生存而言非常重要，因为当它们将要适应并对异常的挑战或威胁做出反应时，例如多变的气候、新型疾病或病原体的入侵，这能提高至少一小部分种群的生存机会。

种群间的相互作用

当同一物种的不同种群存在相互作用的机会时，这些种群的命运经常互相关联。例如当一个种群只有几个成员时，它就可能因为种群数量的随机涨落有灭绝的风险。但来自于其他种群的个体有可能会再度迁移到邻近的或完全空白的区域，这称为逃避效应。另外，从一个种群到另一个种群的迁移通常会提高每个种群自身的基因多样性（因为有新的遗传信息带入），同时降低这些种群间的基因多样性。

这个种群间相互作用的话题成为保护生态学家的一个重要议题。一个将这一现象概念化的方法是考虑一组被连接的种群——称为联种群——这些种群间的一些种群规模小且容易灭绝。如果将每个种群比作光源，并且长期观察所这些联种群，会发现一些种群"不再闪亮"（指在特定区域的该物种正在灭绝），然后又重新亮了起来（指该区域有来自于该联种群的其他种群中的个体迁移至此）。在生态规划时，例如开发区的栖息地保育规划或设计新的自然保护区，研究一个或者多个重要物种的联种群动态是很重要的。并没有简单的准则存在，但在特定情况下，一个自然保护区很有可能包含了太少的种群。且这些种群曾经是一个健康的联种群，可以让这一保护区内的物种远离灭绝（图5-2）。

同一联种群中的所有的种群并不是以同样的方式运作的。更重要的是，种群在网络繁殖能力方面区别于其他种群：一些名为汇种群（sink population）的种群不能够生育足够的新生个体，以至于他们不能保证自身种群的运作，所以他们只能靠由其邻近的源种群（source populations）的迁移才能生存。这些源种群能够生育超过适应它们自身生境版块所需的新生个体数量。我们并不太可能通过一个种群的大小或是其栖息的栖息地的大小来确定它们的源—汇关系。这是因为一个种群包含了众多个体且很健康也并不意味着它就是源种群（图5-3）。相反，小种群也有可能成为新生个体的源头，因为诸如更高的繁殖能力或者更高的生存几率的因素（可能是因为更高质量的栖息地）。

区分哪个种群是作为源哪个是作为汇是很困难的。甚至是好几年的关于在不同栖息地的种群规模的研究，也不太可能让研究员对源-汇动态有更深刻的见解。人们必须要花费长时间来研究有机体以及它们的运动来观察哪些种群正在吸收个体哪些正在输出个体。因为这些努力需要不同的个体变得可识别，所以研究员必须在身体上标记这些个体（可能是在腿部绑带或是点点）或是通过基因标记来区分不同的种群。然后追踪这些个体好几年。在这些研究中有所参与的个体让它们变得很珍贵。

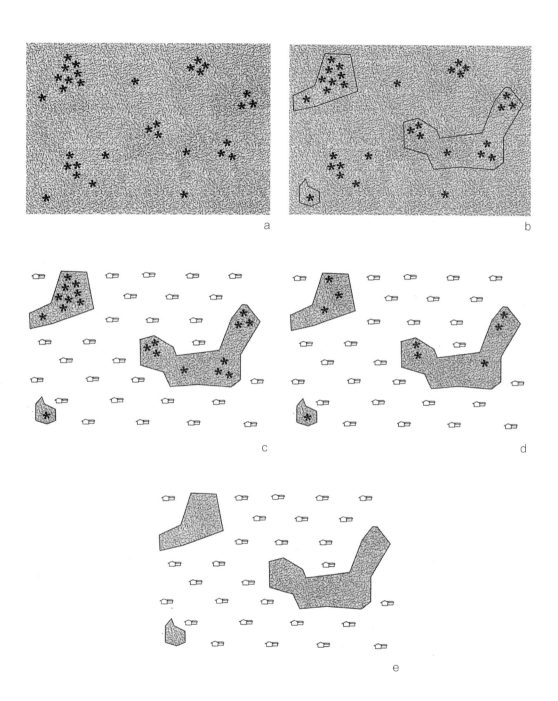

图5-2　这一系列图说明了当人们在该区域定居并且分裂自然栖息地时联种群是如何随着时间改变的。(a)一个健康的联种群大致上由30个偶然产生相互作用的种群组成(b)自然保护区沿着其中一些种群周边建立起来，而另一些并没有(c)在保护区外的地块已经被开发，消除了部分种群(d)没有来自保护区外种群的新个体以及基因多样性的融入，这些在保护区外的种群开始消失(e)这一趋势迅速地导致所有原生种群的灭绝。

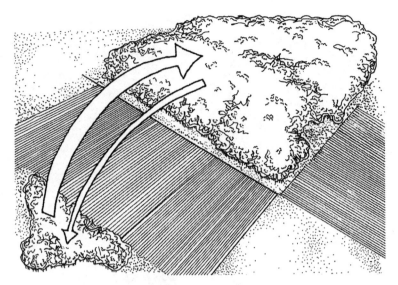

图5-3 某一特定物种的源种群（如同图中所画的生活在这个concern小斑块中的种群）繁殖了超过他们所能承担的新生个体，所以部分新生个体转移到其他的地块。汇种群（如同图中所画的生活在大斑块中的种群）并不能繁殖出足够多的新生个体来支持它们自身种群，并且没有来自源种群的迁移如的个体将会走向灭亡。这些箭头表示了物种新生个体的转移流量，例如生活在丛林中的鸟类。

小型种群的问题

小型种群非常容易受到几种随即发生的问题的影响，这些问题通常不会影响更大的种群。在这些问题当中，最简单的问题是涉及了一个种群基本的人口统计学特征——性别比、出生率、死亡率等等。

人口统计学问题

设想一个鸟类种群——比如说美洲鹤——这个种群之内每一对配偶都平均拥有两个能成年的后代，就像在一个稳定的种群中的情况一样。但就算每对配偶平均生育两个能成年的后代，一些配偶能生育超过两个得以生存下来的后代，其他的能生育的后代却少于两个。如果一个种群只有一小部分配偶保持生育，也很有可能大部分配偶会因为随机概率生育少于普遍水平的后代数量（也有可能大部分配偶能生育多于普遍水平的后代数量，但这里的重点是当生育少量的后代所引发的问题）。如果这一趋势持续几个世代——这是趋势有可能发生的——那么这个种群则可能消失。后来发现，1941年美洲鹤在野外唯独生存下来的种群锐减到只有15个个体，使整个物种都处在巨大的危机之中。

几个其他的人口统计学参数也受到随机涨落的影响。比如说不平衡的性别比对于自然资源保护者来说是非常挫败的。即使一个小种群正在增长，并且情况也有所好转，几年的不良性别比就能毁坏恢复的努力。在草原榛鸡灭绝的前几年，它就遭受了很严重偏移的性别比。在1927年整个亚种中留存下来的13个个体中，只有2个是雌性，另11个都是雄性——灭绝的预示。而灭绝就是这种鸟类在1932年的命运。

这种人口统计学参数上的随机变化很容易用弹起的硬币来形容。从平均上来讲，一半你弹起的硬币会是背面，另一半则是正面。如果你弹起很多的硬币，近乎一半的硬币都是正面。但是如果你弹起两个硬币，那你则很可能会得到两个正面或者两个背面，就像你可能得到一个正面一个背面一样。这就是在面对小型种群时会发生的问题：某些情况下，纯粹通过普通的随机变化，不是性别比不平衡就是后代繁殖数量低于平常。

基因问题

就如同全球人类文明的共同认知一样，人们最好不要与近亲配对。而且这一认识对于动植物而言也同样通用。与近亲交配或者在基因学上非常相似的两个个体之间繁殖都会导致两

倍稀有但是致命的隐性性状。或者至少会导致一个因基因而脆弱的个体。然而，在一些非常小的种群中，它们也许除了近亲繁殖之外没有别的选择。因此，小型种群可能尤其容易受到基因缺陷影响。这些缺陷使得它们的后代不太能够生存和继续繁殖。

就小型种群的人口统计学来说，哪些个体相互配对、哪些个体后代得以生存这类的随机事件会明显改变不同的基因性状在一个种群中的比例。这个被称作为遗传漂变的过程在小型种群中变得非常强大。再一次引用弹硬币的例子，虽然弹硬币连续得到三个正面并不是那么的令人吃惊，但是如果连续得到300个正面那就非常令人震惊了。所以同理，遗传漂变也可能会纯粹只通过随机发生的事件而在一个种群中导致非常明显且迅猛的变化。

在小型种群中的众多基因问题中，最大的一个问题被称为奠基者效应，它发生于一个来自于更大种群的小型移民者的群体建立起一个新的小种群时。最原始的情况是个别个体被带到一个岛屿或者通过一根漂浮木到达，然后它们在那里建立起新种群。虽然每个个体可能都是健康的，这个小型的、新建立的种群基因多样性往往远不如它们离开之前的大型种群。这一基因学上的瓶颈意味着这个

新种群即使能快速繁殖，也并不能拥有如同之前的大型种群一样的基因可塑性（genetic flexibility）来应对总在变化的环境或者异常的疾病。另外，新种群中的交配大多数都发生在遗传情景相关的个体之间，因为它们都是一小部分的共同祖先的后代。

小型种群也尤其容易受到随机发生的罕见基因缺失的影响。试想两个种群中有一个罕见的性状（假设它与疾病相关）只在种群的1%的个体中发生。在一个拥有10万个个体的种群中，1000个个体会携带这种性状。但在一个只有100个个体的种群中，只有一个个体会携带这种性状。通过一些随机事件，这个小型种群可能会非常容易完全丢失这一性状。在这之后，如果两个种群都感染了这种疾病，只有更大的那一个能有在种群中保护部分个体的基因材料。而在小型种群中则没有一个个体会遗传这种基因，最后这一种群将会灭绝。

规划和开发的建议

以上所讨论的一系列种群问题可以被总结成为生态学基础规划和设计的试用指南。首先，就像我们规划人类土地利用一样，理解生活在我们居住的地区中的原生种群以及复合种群的生活模式是非常重要的。没有这些基础知识，我们很难以一种能够减少当地物种灭绝的方法进行规划。其次，我们必须寻求一种方式来减少生境破碎化。如果种群被道路或者开发区分割得更加严重，它们将会因为土地上的障碍而面对灭绝的巨大威胁以及拥有更少的再繁殖的机会。尽管它们得以生存下来，被孤立的种群会在没有来自外来种群的移民的情况下变得遗传性单一化，使得它们对于疾病或者潜在威胁的抵抗力更弱。第三，这些问题在面对小型种群时是在面对中型种群时的指数倍。而且弥补这些问题的代价增长得非常快。当我们面对失去这些种群或是耗费巨大的代价去保护它们时，保证这些正处于潜在的风险之中的种群生活在健康的环境之中比一直等待直到它们真的处于风险之中时更有效果。

生态群落

生态学家认为，风景园林划分为不同的生态系统，比如绿地、森林、湖泊等，它们之间都是有所不同的。本节讨论与规划师、设计师十分相关的生态群落中的一些重要方面。

食物网与物种间的相互作用

食物网是指一个群落中生物的摄食关系，是生态群落中一个重要的主题。没有物种是可以在地球上孤立存在的，而且生物只有几种方式可以获得能量和营养。生物体可以通过以下千种方式来维持生存与生长。第一种方式是以另一种生物为食。第二种是摄食其他生物的尸体或残骸，第三种是寄生于另一种生物寄生或体表并从其寄主获得营养，第四种是利用太阳能或化学能生产出能量丰富的化合物。无论生物怎样获得能量，生物大多是被生态系统中的其他生物所消化，成为生态系统中和营养循环中的一部分，从而维持生态系统的能量流动（图5-4）。

图5-4中食物网显示，红腿蛙以藻类（红腿蛙蝌蚪时期）和其他无脊椎动物为食，它们也捕食其他蛙类、老鼠以及许多其他食物。反过来，这些红脚蛙也被其他食肉动物所捕食，其中包括苍鹭、麻鸦、乌蛇、牛蛙、龙虾、大肚鱼、鲈鱼、太阳鱼、臭鼬、狐狸等，而水甲虫与蜻蜓的幼虫则以它们的蝌蚪为食，人类也会捕食红腿蛙（尽管这种做法现在是违法的，捕捉红腿蛙的数量已经有很大程度上的下跌）。类似牛蛙和大肚鱼这些物种，会与红腿蛙因为特定食物而展开竞争。牛蛙和大肚鱼都是人们为了食用或控制蚊子分别从加州引进的，而现在它们威胁到了红腿蛙的种群数量。在这个特殊的食物网中还有另一个主体，那就是包含濒危的剑纹带蛇（Thamnophis Sirtalis tetrataenia）在内的花纹蛇，这样，我们可以看到濒危的蛙类作为濒危的蛇类的猎物的现象。

维持一个正常运作的生态系统，食物网中的每个物种都是不可或缺的。某些物种，例如作为顶级捕食者的蓝苍鹭，在生态系统中就起着十分特殊的作用。其他物种，例如本地的红腿蛙和引进的牛蛙，似乎总处于捕食、竞争或被其他物种所捕食之间。这些蛙类在生态系统中起着十分重要的作用。而且，不幸的是，牛蛙这类侵略者似乎比被排挤的红腿蛙起着更有效的作用。

竞争与有限的资源

生态系统中的个体有时会因某种资源而产生竞争。在许多生态系统中，单一的限制性资源会阻碍一种或多种生物数量的增加，这些资源引起的竞争会相当激烈。一般的限制性资源如下：

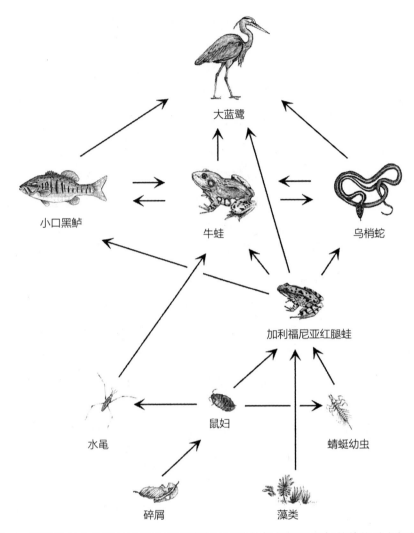

图5-4 这部分的食物网显示了生态群落中受威胁的加州红腿蛙与其他物种之间的联系。如图所示，红腿蛙以多种多样的物种为食，同时也是濒危灭绝的旧金山乌梢蛇等多种物种的食物。

- 植物所需的特定营养素（不同生态系统中有限的氮、磷、钾，这也是为什么大多数植物肥料包含这些元素）；
- 植物所需的阳光；
- 动物所需的食物资源；
- 植物所需的生长空间或一些动物生长的地区。

在某些生态系统中，当一个关键的生物组群中的重要限制性资源被添加到生态系统中，生态群落中物种组成和运作可能会发生显著的变化。淡水湖富营养化的过程，是增加一个限制性资源之后它能如何迅速及彻底地改变一个系统强有力的例子。淡水的富营养化常见于城市和农业区域，水的营养富集来自于肥料、人类粪尿、洗涤剂以及其他污染物。经过大量的研究，特别是在马尼托巴湖，生态学家确定磷是限制很多湖泊中生长的藻类和蓝藻增长的关键资源。当磷被添加到湖泊中时，湖中的藻类会爆炸式的增长。当藻类开始死亡，分解藻类的细菌（之前一直因为缺乏食物而被限制）开始它们自己的数量激增。由于这些细菌在分解死亡植物物质时需要氧气，所以它们很快就消耗掉湖中溶解的氧气。低氧气含量成为许多一直生存在健康湖泊中的动物的限制因素，所以许多脊椎动物和鱼类因为湖中缺氧而死亡。

以上这个食物链开始于加入了一个单一的限制因素——磷，从而造成了影响生活在这湖中的大部分生物的连锁反应。鉴于水体富营养化的严重后果，设计师在项目设计的土地利用中应该特别地小心，从而避免附近的湿地和水域有限的营养成分超负荷。

捕食、取食与竞争

捕食、取食与竞争在概念上是相似的：对于每一个概念来讲都是一种生物吃另一种生物的组织来获取能量与营养。食肉动物猎杀并且吃掉自己的猎物，而食草动物和寄生虫通常只是吃掉他们"猎物"的一部分，让它们能够继续存活。这三种互相作用可归纳为剥削的形式。

在许多本土的生态系统中，食肉动物、食草动物和寄生生物能够限制它们所取食的生物的种群数量。这可以被看作是一个对猎物种群"自上而下"的控制，而不是通过限制性资源施加的"自下而上"的控制。引进的外来物种可能对原生物种造成严重的破坏，因为他们没有受来自原有栖息地的捕食者与寄生者的限制影响（实际上，控制外来物种的一种方法是从它们原来的生态系统中引进它们的捕食者与寄生者，从而尝试着重新建立它们在数量上的自然控制；然而有时候，这个生物控制的尝试会适得其反，使得引进的原生生物受苦）。捕食者的影响是相当复杂的。有时捕食者数量的增长会以一种直接的方式使物种的数量下跌；然而在某些情况下，捕食者数量的增长可能会导致捕食者与猎物的数量循环或随机变化。

因为人们将大量的食肉动物引进社区，比如狗和猫，所以规划师和设计师应该了解这些捕食者。此外，我们应该增加这些本地动物的天敌的种群数量，比如土狼与浣熊。我们可以利用垃圾桶与垃圾场为它们提供稳定的食物来源。这四个捕食者都是广幅种，它们以多种多样的物种为食。相反，以一种或少数种类为食的捕食者被叫作专化物种。不同于在自然生态系统中的捕食者，在人类主导环境中的猫、狗、浣熊与土狼，则有一个强大的后备系统。人们为它们提供大部分的食物，所以这些捕食者的数量并不受猎物数量少的限制。即使它们的猎物数量降到非常少，这些捕食者的数量也会停留到较高的水平，而且会对它们的猎物带来较大的破坏性影响。

我们的一位同事在他郊区的家里通过图形认知的方式了解这些原则。她是一个狂热的园丁与养猫爱好者，于是在她家周围共有九、十只猫。过了一段时间，她发现她的花园受到土壤中的甲虫幼虫的巨大破坏。她还注意到她的猫经常给她带来小礼物，其中有许多是鼩。这些老鼠大小的哺乳动物是甲虫幼虫的天敌。由于这些猫降低了鼩的数量，而甲虫的数量大幅度增加，从而破坏她的花园。

这些在人类主导环境中充当设计者和管理者的人应当了解存在于猎物、捕食者和寄生者这三者之间的另一个关键因素。虽然大多数人没有认识到这一点，但是在防治植食性昆虫方面，人们受益于大量特生的捕食者和寄生者。生态学家早就知道，在许多捕食者—猎物的生态系统中，如果捕食者（或寄生者）与猎物的数量大量减少，它们的猎物数量通常反弹得比捕食者更快，相对于以前会达到更高的水平。当人们使用能够同时杀死害虫和它们的捕食者以及寄生者的广谱杀虫剂时，这种现象就变得十分重要。因此，如果农药不被反复使用，可以矛盾地通过捕食者数量的减少来增加害虫的数量。

互利共生

除了喂养与相互竞争，不同的物种之间通过合作来实现互利共生。两个物种之间的共生可以使一方或双方获得以下好处：得到食物或消化食物；避免来自天敌或寄生虫的伤害；或为其住所提供环境舒适的基质。很明显这两种物种都从互利共生的相互作用中获利。例如，角蝉（液海蛞蝓蚜虫的亲属）经常与蚂蚁互利共生。在这种关系中，角蝉提供一种蜜汁（蚂蚁所需的一种糖分排泄物）来回报蚂蚁对来自其捕食者与寄生者伤害所提供的保护（彩图5）。

当处于互利共生关系中的某些物种灭绝时，其他物种会变得非常脆弱。例如，一种或几种鸟类减少可能会导致灌木传播其种子的能力降低，从而导致灌木数量的减少。以上讨论说明了保护工作不能只考虑一个物种的利益，而必须考虑物种间在整个生态群落中的相互作用。通过人类活动，人们直接或间接地改变生态群落中的组成部分，他们使得群落遭受结构瓦解的风险大大增加，往往还会产生惊人且有害的后果。

自然选择：适应性的引擎

生物体能够很好地适应当地条件这一概念我们对生物多样性和生态的讨论之中。种群必须对它们所在当地环境中的各个方面做出反应：气候和化学物质、捕食者和竞争对手、栖息地分布情况的变化。这个过程随着时间的推移可以帮助种群适应其物理和生物环境，被称为自然选择。自然选择帮助种群发现和捕捉新的食物来源，更佳的逃生方法或抵抗天敌，或者是提高自己的伪装技能等。这也是种群与由人类活动引起的环境改变之间的竞争，如全球气候变化，添加化学污染物和农药，以及引进外来物种进入自然栖息地。

自然选择通过成功繁殖发挥作用，因为繁殖过程中的一些个体较其他更适合当地环境，他们后代的存活概率高于其他物种的平均水平。其结果是在繁殖的后代中，该选择组的基因和适应变得更加普遍。自然选择以不同的速度发生：生命周期短的生物（如细菌和昆虫）可在几年中适应环境的变化，如引入抗生素和杀虫剂产生的抗性。

而对于生命周期长的生物，这个过程可能十分漫长。想想害虫以及类似于鹰和隼等猛禽对DDT和其他农药的问世的不同反应。DDT发明于20世纪30年代末，紧接着被广泛用于第二次世界大战。当时雷切尔·卡森在1962年出版了《寂静的春天》，她已经能够找到很多对DDT等农药产生抗性的害虫的例子，因为这些快速繁殖的物种已经经历了许多代来适应农药。然而，以此为猎物的鸟类因为世代更替缓慢没有表现出适应这些化学物质的迹象，这使得他们的数量急剧下降。这个例子说明，世代更新时间长的生物，包括脊椎动物和大多数种类维管植物，将无法适应许多由人类造成的剧烈而快速的环境变化。

群落关系

每个物种都具有特定的生理与生态需求，两种需求结合起来便于解释物种的生态位。例如，高山物种能够在寒冷多风的环境中存活并茁壮成长，就像荒漠物种在较大温差的干旱地区可以兴旺地繁衍一样。然而一般而言，荒漠生物无法在山顶生存，同样，高山生物也无法在荒漠生存。另外，即使在一个特定的气候状态下，不同的物种也发挥着不同的生态作用，这进一步可以解释它们的生态位。例如，两个密切相关的莺类物种可能会寻找不同类型的食物或者在不同的海拔觅食，这就形成了不同的生态位并避免了它们直接竞争。

据说，生态相似的物种会形成一个集团。只有在一定程度上同一集团中的物种才能大量地互换，比起重要的捕食者（譬如大蓝鹭、大眼鱼和蜻蜓）这些可替换的物种在生态群落中发挥的作用稍有逊色。例如，如果一个蜉蝣物种在池塘群落中消失，其他蜉蝣物种、蚊子、石蛾以及其他水生无脊椎动物会继续填补相似的生态角色，包括成为蜻蜓的食物。

极其重要的物种

一些物种之所以在生态群落中很重要仅仅是因为它们大量存在；这些被称作优势种。例如，在美国东部的许多森林群落中，栎属和山核桃属植物是生态系统中的优势种。同样，对于适应于进食鞣质叶子和橡树果实或者可以砸开硬壳山核桃的食草动物而言，这些树木构成了可以广泛获取且充足的食物来源。

相对于优势种，其他物种被称作关键种，尽管它们的群体和生物量可能相对较小，但同样在它们的生态群落中扮演着极其重要的角色。如果有人计划消灭一个关键种，整个群落将会发生巨大的变化，因为若干其他种群要么激增要么灭绝。通过改变自然环境或在食物网中起重要作用，关键种发挥着它们强大的作用，这将在下面介绍。然而，当考虑关键种时，人们应该注意，关键种和"非关键"种之间没有明确的分界线。物种在它们生态系统中发挥功能的相对重要性可以从必不可缺——正如下面将讨论的关键种的案例——到相对多余之间进行一系列的变化。就像占据着和其他物种非常相似的生态位的物种一样（当然，即使一个在生态群落中多余的物种也可能由于其他原因值得被保留下来）。

关键种——生态系统工程师

一些植物物种不仅在特定的生态系统中常见，还极大地影响着整个生态系统的功能。西部山区的美国黑松（扭叶松）、遍布北美大草原的成片草地以及生长在东部特定森林果园的毒芹（加拿大铁杉）不仅支配着它们的生态群落，还建立了它们生态系统的基本特性。松木和草地创造了能够引火的环境，那么任何生存于这些群落的物种就必定可以忍受火，不然它们将无法存活。因此，同样地，在酸性土壤中旺盛生长的毒芹使得当地环境随着它们落下的针叶慢慢腐烂而更具酸性，任何生存在这个地区的动植物必定会适应土壤的化学性质。

同样，一些动物物种因对它们的自然环境造成了巨大变化而闻名。例如，在北美，美国东南部的穴居沙龟（地鼠穴龟）通过挖洞极大地改变了它们生存的景观环境，海狸（美国河狸）在曾经的旱地上创造出水体和湿地。通过控制水流，海狸能够迅速地将几英亩或几公顷的森林转变为池塘，为水生生物创造了新的栖息地，但同时也破坏了陆生栖息地。大约有100个鸟类物种和20个哺乳类物种利用海狸创造的池塘和被淹没的草地，更不用说许多植物和无脊椎动物也是如此了（图5-5）。除了创造水生栖息地，海狸的活动会重置连续的生物钟：在这些动物遗弃它们的水坝和住处后，水坝会最终分离，排干池塘并创造出一片养料丰富的泥土——完美的草地生长环境。随着时间的推移，先锋树种入侵草甸，将其变成初级演替的群落，最终形成成熟稳定的群落。这样，在几十年后，海猩为许多物种生存创造了一系列栖息地，例如池塘、草甸、幼龄林或者老龄林。

当欧洲人初次踏上北美大陆时，海狸的数量仍旧是充足的尽管一些印第安人捕捉海狸以获取它们的毛皮，大约6000万～4亿只海狸遍布北美大陆。然而，随着欧洲贸易的到来，由于各式各样的时髦帽子由海狸皮或海狸毛制成，人们对于北美海狸产品的需求急剧上升。截止到1900年，北美的海狸数量下降至大约10万只，这些勤劳的啮齿动物以及它们的水务工程在一些地区几乎完全消失。伴随着池塘越来越少以及草甸和幼龄林数量不足的现象，这种缺失导致了景观的巨大变化。在过去的几十年里，海狸数量已稍微有所恢复；截止到20世纪末，海狸的数量已达到大约600万～2000万只，它们对景观也在继续发挥着影响。

关键种——顶级捕食者

陆生系统中的顶级捕食者常常起到关键种的作用。例如，在狼群依然存在的北美洲地区，狼通常能够控制它们主要猎物的数量，尤其是有蹄类动物，譬如鹿、驼鹿、麋鹿以及驯鹿。在美国本土的大多数地区，狼已被人类通过政府赞助计划或是个体农户和农场主所消灭。在还没有通过狼群捕食来控制狼的猎物数量的狩猎区（譬如一些郊区、城市远郊和国家公园），有蹄类动物的数量已大幅上升，对植被造成了有害影响。相反，在保留有狼，或以自然的或人工辅助的方式再度出现狼的

图5-5   通过建造构成池塘的水坝,海狸彻底改变它们周围的栖息地。这些池塘最终会填满淤泥,为当地物种创造一系列不同的栖息地(图片由Marco Simons提供)。

地区,有蹄类动物往往保持在能够更好地保证植被健康生存的合理规模。

一项对黄石国家公园狼群生态作用的测验,为它们作为关键种的重要性提供了显著的例子。过去,在这所公园最后的狼群于1926年被消灭掉后,围绕着麋鹿数量是否应增长或大体保持不变的激烈争论便产生了。通过观察黄石公园中不同地方的植被在一段时期内的照片,生物学家史蒂夫·查德和查尔斯·凯研究了上述所争论的问题。这些照片显示几乎所有"高大的杨柳科植物群落"伴随着对狼的捕杀而消失,这显然是麋鹿的大量啃食所造成的。

由于柳树和山杨对于海狸是极其重要的食物来源以及建筑水坝的原料,这些植物群落的消失造成了进一步的连锁反应。随着狼的消失,黄石公园中海狸的数量急剧下降;20世纪20年代还可以在几乎每条河流中发现的动物,到了20世纪50年代就已经大量消失。一些生物学家推测,麋鹿吃掉海狸喜欢的大部分食物,以及麋鹿的过度啃食,导致了恶劣的水质和海狸池塘的迅速淤积。总而言之,黄石公园中狼的消失似乎造成了麋鹿的大量繁殖，相应地，这也导致了公园植被的变化和海狸数量的急剧减少。如上所述，海狸是关键种，它们在黄石公园中的近乎灭绝无疑已对数以百计的其他物种造成了巨大影响。自从狼于1995年再度被引进黄石国家公园之后，上述事件有了新的发展。随着狼的出现，麋鹿已变得更加谨慎，并尽力避免出现在它们过去无所畏惧啃食柳树和山杨的河谷区域。因此，这些树种再度出现，海狸也是如此。

正如拥有狼和海狸的森林地区与没有狼和海狸的森林地区有很大不同一样，同样的情况也可以用来解释其他关键种。当在景观中加入或消灭一个关键种时，物种的整体平衡和单个物种的丰富度都会发生巨大改变。

为生态系统而设计，为物种而设计

面对利用有限资源来保护大量物种这一挑战，环保主义者开发了多种方法来选择和优化目标来进行他们的环保工作。由于为每个指定区域的本地物种制定和实施保护计划几乎是不可能的，环保主义者往往将精力集中在特定的物种上，或者致力于保护那些有助于许多其他物种的小群体。设计者与规划者也应该探索这样有效的方法。例如，受保护的物种通常有较大的活动范围，因此它们往往需要多种多样的栖息地。如果环保主义者能够在合理的保护这些物种，比如说灰熊，他们也会保护许多其他物种的数量。体型大而且迷人的珍稀物种，比如美洲鹤和熊猫，能够证明公益项目支持和栖息地保护是有效的。

关键物种的保护一直都非常重要，规划者和设计者应该注意在他们所工作的生态系统中是否存在或曾经存在过任何关键物种。例如，在一个狼曾经限制鹿的数量但狼已不复存在的生态系统中，设计者应该探索一种方法来控制鹿的数量。在一些郊区，管理者采取种群节育来控制鹿的出生率，而在更多的农村地区，人可能代替狼来猎捕鹿。然而不是所有的珍稀物种都会被取代，例如海狸，能够强而有效地改变环境，人类是不能完全代替它们对自然的影响的。为了达到海狸对环境的影响效果，首先必须得有海狸，尽管人们发现这些动物会在居民区中扰民：被淹没的院子和储藏室，证明了这些生态系统工程师改造它们周边环境的能力。

珍稀及濒危物种经常被类似于美国濒危物种保护和国家濒危物种保护的相关法

律列为保护对象。然而，由于1973年濒危物种保护法通过，保护思想在不断发展中。一旦物种面临严重威胁或濒临灭绝，物种保护法将着重保护这些个别物种免于灭绝，生物保护学家现在意识到，保护物种最有效的方式是在第一时间内确保它们的健康以及在健康的生态系统中他们自我维持的数量来防止他们成为濒危物种。然而，尽管大部分关注集中在少数的极度濒危物种身上，许多保护组织和政府相关部门现在非常关注保护和恢复本地生态系统中的那些良好案例。例如，规划者运用相关市县级总体规划、开发法规和土地征用，可能会在他们的辖区内找到保护不同类型的植被群落的可行案例。通过这些方法，大量的珍稀物种和普通物种在这个行动中受到了保护。

这种讨论凸显了规划者和设计者了解他们所研究区域中生态群落和物种数量的重要性。当保护个别物种时，比如濒危物种或关键物种，像数量因素和种群动态这些数量问题是最为重要的。当然，物种必须存在于生态群落所提供的环境与支撑框架之下。土地利用规划与设计的目的应该是在研究领域内，考虑自然区域的大小与结构会如何增强或减弱种群的生存能力，从而保护不同生态群落中的样品。这个关于景观结构及其对种群数量的影响的关键问题将会在第6章展开进一步探讨。

第6章

景观生态学

试着想象在一个晴朗的日子你乘坐航班横跨北美洲，比如从纽约到温哥华，然后描述一个你所观察到的大地的图案。起飞不久后，你将从被无数十字交叉的道路以及公园或绿道而分割的工业和住宅景观上飞过。当你离城市更远时，森林将占主导地位，农田和城镇的轮廓更加突显出来。你可以看到代表着不同森林类型的、深浅不一的绿色斑块。美国中西部的农田看上去似乎是一个用道路和绿篱描绘出来的直线型网格。然而，在干旱的华盛顿东部，利用中心支轴式喷灌机浇灌的农田则看上去像是黄褐色灌木丛背景中的一系列绿色圆圈。临近美国西海岸时，你可以清晰地看见由原始针叶树森林形成的棋盘格局。

尽管这些景观千变万化，它们都可以被描述成由三种基本元素组成的聚集体，即斑块、廊道和基质。当从天空俯瞰这些景观时，这三种要素变得很清晰——廊道连接着周围基质中分散的斑块（图6-1）。这种元素模式是景观生态学中一个主要的组织原则，也是可以帮助我们理解景观的形式与功能特征的一个相对较新的生态学分支。理查德·福尔曼（Richard Forman），米歇尔·戈登（Michel Gordon）以及其他人以20世纪60年代至20世纪70年代期间一些西德、荷兰的生态学家、地理学家和景观规划师早期的工作成果为基础，在20世纪80年代促使这个领域得以合并。福尔曼在他1995年发布的《土地嵌合体》这本书中，提出了在景观生态学

图6-1a 这张图片展示了农业用地的基质当中一个大的森林斑块与一个较小且已开发的土地斑块的叠加。

图6-1b 在这张照片当中，一条森林走廊在两个森林斑块中延展开来。这两个斑块位于未林化的湿地与农田形成的基质当中。

图6-1c 农田小斑块点缀在森林基质中。

这个领域中更现代化的一个综合体。

景观生态学检测土地利用中的空间排列是如何影响人类、其他生命形式以及非生物过程。由于在一个场所或社区的土地利用安排中，规划和发展是首要的，因此景观生态学是不可或缺的知识。景观生态学还允许我们对自然过程以及保护生物多样性的问题做出一些推断，尽管我们对当地的景观或栖息在那里的物种有极少的生态数据。因此，这个原则可以让规划师和设计师在案例当中不得不利用不完整的信息做出决定时（通常情况都是如此）给出有用的概括或合理的假设。总之，景观生态学的概念适用于几乎所有的景观（城市，森林，农业）以及任何一种规模。

除了介绍陆地景观生态学以及它与规划场地的关联之外，本章节还调查景观的其他组成要素：水生生态系统和非生物因素。然后，我们将这些概念与第4章、第5章的内容相结合，以展现生态完整性和可持续性的理念——一个可以指导规划师和设计师做地方项目的重要观点。

关于规模

规划师和设计师要处理不同规模以及不同环境下的设计。例如，一个规划师规划的可能是国家级、省级、县级、地方级或者场地层面的对象，而一个造园家或许只做一个小场地的种植设计，或者为数千英亩或公顷的土地做一个发展计划。生态学家使用的是一个以生物学组织而非政府组织为基础的独立的规模层级。尽管并不存在一个标准尺寸来衡量诸如栖息地、群体等生物元素，一些普遍化的概括可以参见表6-1。

尽管"景观"这一术语在口语化的使用中有多种多样的意义，生态学家们却用它来指代从山顶或飞机上可以看到的区域。这个区域中，由当地生态系统或土地利用给定的组合常以类似的形式，并且通常是以数以万里或公里的规模不断重复。这种景观的例子可能涵盖大城市周边的郊区，一个农业山谷，或者一片与周边土地进行不同管理的森林。一个生态区域包含许多不同的景观。这些景观之间可能会存在许多不同，但是它们之间又被共同的环境条件（如气候或地表地质）、物种和干扰过程联系在一起。比如规划师有时候规划的范围会跨越行政区划。譬如，他们在规

划一个多镇分水岭区域的时候，自然资源保护论者经常使用跨越了行政区划边界的
景观和生态区域作为他们工作的主要的组织边界。

规划及保护的规模和环境   表6-1

规模（景观元素的尺寸）	政治/司法（规划师，设计师，开发商）	生态（保护生物学家）
小于500英亩	组，场地，区域，地带	栖息地
500～5000英亩	场地，区域，地带	生态系统和社区
10平方英里	城镇	生态系统和社区
100～1000平方英里	县和地区	景观
1000～10万平方英里	州省	生态区域
950万平方英里（仅陆地面积）	北美	大洲
5740万平方英里（仅陆地面积）	地球	地球

规划的最合适的规模是多大呢？实质上答案是它们全部。正如规划师所知，在
一个可以充分使用权力与政治力量的小规模范围内设计往往更易取得成功。然而，
伟大的成就往往来自于大规模的愿景。这种矛盾理所当然是环保论者"放眼全球，
立足本地"的劝解的起因。有效的保护不是凭空出现的，相反，正如在第一章里
面强调过的一样，每一个场地（或者住宅小区，或者居住区）理应从它的环境以
及不同的规模来看待。因此，如果你是一名规划师或者设计师，首先你应该在表
6-1"政治/司法"栏中选择你工作对象的规模。然后移至右边栏，一行一行地查
找。这些是在规划时至少应考虑的生态尺度。用生态学家理查德·福尔曼的话说，
规划专家应该"放眼全球，规划区域，然后再立足本地。"

保护生物学家瑞德·诺斯在他的文章"环境问题：考虑大规模的保护
（Context Matters：Considerations for Large-Scale Conservation）"中探索了规
模这一主题，并提出为生物多样性的保护选择太过狭窄的环境可能会导致不利后
果。他在文章中描述了管理者通过用更多的常见栖息地类型来替换成熟的森林以增
加在俄亥俄州一个占地563英亩（228公顷）的舒格河（Sugarcreek）自然保护区
的栖息地多样性和物种丰富度。这些成熟的森林是相对罕见的森林内部物种的栖息

地。然而，通过减少自然保护区中罕见的成熟森林的数量，他们破坏了保护边界地区生物多样性这一目标。

基质、斑块、廊道的形式和功能

想象一下你以一只鹿、一只鹰、一只乌龟、一只火蜥蜴或者一只甲虫的视角来观察你的家乡。你住在哪里？你吃些什么？你需要从一个栖息地搬到另一个栖息地吗？如果要搬迁，你又是如何从一处搬到另一处的？谁是时刻准备吃掉你的天敌？你如何避免它们？这些问题有助于我们研究在影响着物种栖居的景观中如何来安排斑块、廊道和基质。

动物有三种不同的空间需求：活动空间，移动空间和疏散空间。活动空间是动物们用来觅食和躲避的区域。对有些领地动物来说，活动空间是它们独有的。因此，只有该物种的一个个体（或者一对个体，一个家系单位，一个联盟集团）能在任何时间内占有任何一块栖息地块。但是对大多数物种而言，活动范围是可以重叠交叉的。许多动物对活动空间有一个最低限度的要求，如果合适的栖息地达不到这个最低值，那么这些动物将不能长期生存下去。迁移通常是沿着经纬度梯度从一个栖息地转移到另一个栖息地的季节性移动。迁移动物在每个季节都需要足够的栖息地以及一条合适的迁移渠道。最后，疏散是指除动物典型的日复一日或季节性的活动模式以外的其他运动；它是物种之间建立新种群以及分离种群进行杂交的原因。尽管疏散不是个体生存的必要条件，但是它对种群和物种长期的生存能力十分重要。与迁移一样，疏散也要求有合适的移动渠道。疏散对植物以及其他固定的生命形式也有着重要作用。

基质

基质是在任何给定的景观中占优势地位的土地利用形式或生态系统。内布拉斯加州东部（eastern Nebraska）的玉米田和大豆田，太平洋西北地区的温带雨林，或者洛杉矶郊区的小块住房土地都可以作为基质的例子。基质往往是土地利用中使用得最广泛的一种形式（基于区域而言），但是有时它的主导性是它成为最具联系性或者最具影响性的土地利用形式的结果。例如，在一个郊区化的区域，城市发展

图6-2 在美国西部的这片区域，覆盖土地的基质曾经是灌丛植被。照片下方显示的基质现在是扩张的城市区域（基质中带有少量的灌丛植被），照片上方显示的基质仍然是带有少量小的住宅开发斑块和森林斑块的灌丛。

可以建立起基质，尽管它只占景观的40%。这是因为城市地区被道路完全联系在一起，并且对被归为剩余斑块的当地生态系统发挥着强烈影响。基质可以随着时间改变。例如，从农业到扩张中的大都市边缘的城市，或者从老龄林到景观中高强度皆伐的初级演替森林。在这些例子中，原来的基质将成为剩余的斑块或者廊道（图6-2）。

斑块

斑块由几个不同的过程所形成。由于环境变化因素（不同的土壤，小气候，水有效性）以及干扰过程，诸如火灾、洪水、暴风，使这些不变的景观自然而然地变成一个个的斑块。人类通过在自然基质中发展小的边区村落来创造斑块，例如当少量农庄在大片森林中被缩减之后形成的区域；或者通过改变基质以使得只有自然栖息地的残留物才可以保留在驯化的景观中，例如少量的森林或者被耕地包围的牧场。

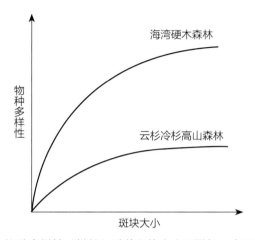

图6-3　如图所示，物种多样性（纵轴）随着斑块大小而增加。在开始阶段迅速增加，接着缓慢上升。斑块大小不是影响物种丰富度的唯一因素：正如图中两条不同的曲线所示，有些生境型天生比其他生境具有更丰富的物种。

斑块大小

自然斑块的大小影响着它们当中物种的数量以及丰富度。生态学家最早在20世纪时注意到这个形式。然后他们建立了"种—面积曲线"来描绘斑块大小与物种数量之间的关系（图6-3）。在1967年，生态学家罗伯特·麦克阿瑟（Robert H. MacArthur）和爱德华·威尔逊（Edward O. Wilson）在他们的岛屿生物地理学的平衡理论中为该模式提出了一个理论上的解释。岛屿生物地理学的平衡理论尝试着弄清楚为什么某些岛屿比其他的岛屿拥有更多的物种。该理论提出一个岛屿上的物种数量代表着殖民于该岛屿上的新物种数量与岛屿上已有的逐渐灭绝的物种数量之间的一种平衡。相比离大陆较远的岛屿，大陆附近的岛屿更易获得更多的迁移物种，因此，其物种数量也更多。同样，大岛比小岛能供养更多给定的物种种群。这些更大的种群不太可能随着时间而灭绝，也就表明了越大的岛屿能供养越多的物种。

在20世纪70年代期间，一些生物学家开始在自然保护区的设计中应用岛屿生物地理学理论。他们宣称在其他所有因素都相同的情况下，大的自然保护区和彼此邻近的保护区比小的、孤立的保护区拥有更多的物种。这是一种直观的想法，但是考虑的因素太少而显得一文不值。首先，陆地栖息地斑块不是真正的岛屿。周边的基质至关重要，因为这些基质要么加强物种的迁移，要么就加速它们的灭绝。其次，斑块中物种的数量不仅取决于区域，也取决于栖息地的类型、栖息地的丰富程

度（例如不同的有效生态位的数量）、干扰以及其他因素。如图6-3所示的广义的
种—面积曲线阐明了物种丰富度因栖息地类型而大有不同，即使两个彼此很近的栖
息地也是如此。

最后，"种—面积曲线"并不总是一条平滑的直线，它有可能在不同的生态系
统中出现临界点。在众多生态系统中，有一个重要的临界值就是斑块大小的最小
值。这个值是能养活通常作为关键种的食肉动物和大型草食动物的最小值。必须是
这样大小的斑块才能保护在特定的生存系统中物种的完整性。因此，尽管往往是越
大越好，但是保护规划师必须也要注意栖息地的多样性、斑块环境以及不同环境中
尺寸的临界值。

斑块形状和边缘

边缘效应这个词指的是发生在斑块边缘而不是与之相对的内部的不同的过程。
例如，由于从开放的后院渗透进来的阳光与风，与郊区后院相邻的森林部分比内部
的森林更温暖、更干燥。庭院还有可能受其他的影响，例如杀虫剂和草坪上的肥
料、前面介绍过的诸如猫狗之类的食肉动物、噪声以及侵略性物种（图6-4）。尽
管没有明确的法则规定边缘效应能够延伸多远，但是许多研究可以提供一些参考。
小气候影响——例如高风速、高土壤温度、低湿度——在森林斑块中通常可以扩展

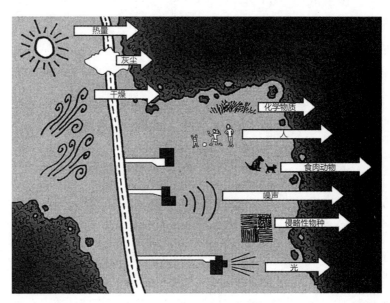

图6-4   不同的边缘效应从固定区域以不同的距离向自然栖息地扩展。图中箭头的长度表示
每种效应扩展的相对距离（注意，此图不针对规模）。

到二分之一至一棵树的高度（大约30～100英尺，或者10～30米），但是在太平洋西北地区的针叶林中却发现它们可以扩展到两至三棵树的高度（200～400英尺，或者60～120米）。小气候边缘效应的程度取决于森林的类型、林下植被的数量以及与风和阳光相关的斑块的方位。

斑块边缘比斑块内部更易于有不同的物种。边缘常具有较高的物种多样性，且适应性强的广幅种以及以边界两侧的资源为生的多栖息地物种居多。常见的北美边缘物种有白尾鹿、浣熊、臭鼬。它们均能在城郊和农业景观丰富的边缘地带中找到。相比之下，内部种无法忍受边缘的环境以及人类的干扰，或者说它们需要仅仅只存在于内部的生境特征。譬如北美森林内部的鸟类苍鹰、灶巢鸟以及多种多样的鸣鸟和绿鹃。

边缘效应对物种分布的影响揭示了在区分栖息地管理目标时的一个重要的矛盾。对于狩猎者而言，由于许多猎鸟和哺乳动物是边缘物种，因此边缘地带是他们更心仪的地方。基于这个原因，力求增加狩猎机会的土地管理者有时会通过砍伐或烧毁植被来刻意地增加景观中边缘地带的数量。然而，边缘不易于有珍稀或濒危物种，而易于吸引因导致许多珍稀鸣禽类物种数量下降而备受责备的杂食性捕食者。边缘效应对物种分布的影响可以从森林的边缘扩展到几百码或几百米的范围。

斑块的形状能让我们窥见它们的起源和功能。生态学家已经研究并证实了其中一部分关系，而另外一部分基本上还处于假设阶段。直线斑块及边缘几乎总是由人类创造和维护，而满足曲线与裂横的自然边缘往往是不规则的。最初的研究表明曲线的、分裂的边界有助于促进野生动物穿越边界（动物通常在一个裂片内进出一个斑块），而直线型的边界有助于促进野生动物沿着边界迁移。在同样的区域内，圆形斑块比细长的或复杂的斑块含有更多的内部栖息地和更少的边缘栖息地。然而，分裂且细长的斑块比紧凑型的斑块更易于多样化。多样化的斑块能形成更丰富的遗传多样性以及对害虫和疾病有更强的抵抗力，因此这些斑块内的种群会部分分离。

考虑到所有的这些因素，并从环保的角度来看，哪种斑块形状、哪种斑块类型是最佳的呢？最大化的本地生物多样性既要求边缘栖息地，也要求内部栖息地。然而，由于边缘栖息地通常在受人为影响的景观中较丰富，在自然保护区中的首要原则就是保护它的内部栖息地。一个几乎没有不规则边缘的圆形斑块拥有最大量的内部栖息地区域。基于这种情况，这种基本形状可以根据以上讨论的因素进行优化。例如，如果一个区域受诸如火灾或害虫爆发等干扰过程的支配，增加分裂区域可以分散风险，以降低干扰事件一次性影响整个斑块的概率。

廊道

景观生态学家使用廊道这个术语一般是用来指任何狭长地带，它们连接多个斑块，在基质中具有通道或阻隔的双重作用。廊道囊括了从最基本的自然栖息地，如沿河的一条森林带，到诸如道路、铁路、管道等人造产物。

廊道的五大主要功能已被确认。作为栖息地，大多数生长着残留的或种植的植被（例如一个开发区周围的灌木篱墙或缓冲区）的狭窄廊道以边缘物种为主。这些物种能够容忍周边基质的输入和干扰。然而，有些廊道是完全的自然栖息地，例如河岸或山脊线的生态系统。不仅仅是对动物而言，对于植物、人类、水、沉淀物和营养物而言，廊道都起着迁移管道的作用。就它们帮助动植物在整个景观当中迁移来说，廊道通常可以提升种群的生存能力以及加强保护工作。虽然廊道可以促进一些物种或物质的移动，它们也可能成为其他物种移动的过滤器或屏障。这样，一条廊道可能减少或消除廊道两侧个体之间的互动，形成分散的种群。拿人类来说，就会形成不同的社区。最后，廊道可以作为动物、植物、人类、水、空气、热量、尘埃或化学物质的沉淀池或来源。例如，在20世纪30年代，在美国尘暴干旱区内的农业区域内种植的防风林是尘粒的一个沉降池，也是食昆虫和食作物的动物的资源地。

因为廊道通常是不同物种和不同过程的功能的不同组合，所以使任何目标廊道适合其预期使用目的尤其重要。影响廊道功能最重要的因素有宽度、连通性和异质性。一个宽数十英尺甚至数百英尺的自然栖息地廊道将最大边缘化，因此它将主要被广幅种使用。为了保证内部物种和许多大型哺乳动物的迁移，廊道必须有成百上千英尺宽以提供足够的对基质的缓冲作用，以及足够的对干扰的长期保护作用。河流廊道合适的宽度在200-1页讨论。连通性必须不仅仅是从空间上（例如，地图上的绿带是否连贯），而且还要从功能上来对特定动物或物质移动的目的进行评估。那些被证实或被认为能使廊道更有利于动物迁移的因素包含少量的峡口或缺口、直线型的外形、环境异质性小、少量的河流或道路交叉以及距离短。

分裂的景观中栖息地廊道的益处

在流行和半科技文学中，例如一些保护组织的杂志和网站，廊道时常作为许多保护问题的答案。例如，总部设在波特兰、俄勒冈州的Ecotrust网站声称"野生动物廊道是必不可少的，因为他们可以维持生物多样性、允许种群间的杂交，以及为动物向更大栖息地迁移提供渠道。"关于廊道的典型争论大抵如此。在诸如农田和城区等人类土地利用占主导地位之前，由大片完整的栖息地组成的景观能够为生物体的迁移提供足够的自由。如今人类土地利用的模式将景观分割开来，还将自然栖息地的斑块彼此之间切断，因此也导致了生物体的小种群从其曾经所属的大种群当中孤立出来的现象。这些小种群面临着越来越多的生存危机问题。一些保护生物学家认为解决的办法在于通过保持（或创造）连接自然栖息地斑块的廊道以减少种群之间的隔绝。

廊道对于生物多样性保护的价值是目前生物学家讨论和研究的主题。迄今，关于廊道的作用的科学证据还有限，但至少已有很多研究可以提供观察或实验证据来证明廊道可以促进动物在栖息地斑块之间的迁移和分散。考虑到进行大规模生态实验的困难，大多数证据只涉及植物以及在相对较小栖息地斑块里的小型动物（昆虫、鸟类和小型哺乳动物）。然而，这正是许多规划师和设计师工作对象的规模。与此同时，科学文献尚未提供足够的证据来支持某些生态学家的观念，即在特定的条件下，栖息地廊道是有害的——例如，廊道可以诱使动物进入有捕食者或道路交叉口等死亡风险更高的栖息地；或者它可以加强昆虫、野生动植物疾病以及外来入侵种的扩散。不过，将这种警示时刻记在心中是有意义的。我们要确保任何一个由覆盖着乡土植被的高质量栖息地构成的自然廊道，都能为将这些风险最小化而有所贡献。廊道更大的实际"消耗"在于有限的资源将用来创造有边缘保护价值的廊道，而不是用于更多有价值的工程。

通过从不同生物体的角度再次思考景观，我们可以获得更多关于廊道的价值和最佳设计的了解。问题是廊道是否是广泛有效的——有利于大范围的物种——或者是否要专门运用他们来帮助一个特定的物种。在1999年，保护生物学家安迪·多布森（Andy Dobson）和14个代表多样意见的合著者通过建议"分析廊道容量的第一步应该是目标种的选择……一般景观廊道的想法——连接以求再连接——更偏向于美观而不是科学，而且会在科学审视的强光下逐渐消散"来回答了这个问题。正如多布森和他的同事所指出的，廊道在认真而有针对性的保护措施中尤其有效，例如帮助维持迁移的、流动的物种种群，或者供养在已建的自然保护区中不太可能长期生存的种群。

考虑到关于廊道可以提升种群的生存能力有越来越多的证据，以及在一个地区变成开发区之后创造廊道的难度和花费，在地区发展之前或之间，事先预留廊道空间是非常明智的。如果我们一直等到有广泛的科学数据来解释哪种廊道有助于哪种物种，那么随后我们想要用栖息地廊道来"更新"景观几乎不可能，或者至少会过分的昂贵。于是，当规划像道路或购物中心等可能威胁栖息地连接性的重点工程时，规划师和设计师应该假设连接性的缺失会损害当地的生物系统，然后采取措施以减少、减轻这样的缺失，除非特定场地的研究可以从其他方面证明。另一方面，当面临是否要使用有限的保护资源来保护特定场地的廊道的问题时，规划师和自然资源保护论者应该明智地对生态研究进行投资，以判定建设的廊道是否对目标种能起到实质性的帮助。如若不然，资源可以被重新传入以解决更紧迫的需求。

人工廊道的作用

无数的学者研究过人造廊道，尤其是道路对种群和生态系统的作用。人造廊道最重要的生态效应就是作为当地物种迁移、分散的过滤器或屏障。常见人造廊道的这种以及其他效应在下文及表6-5有简要概述。

路毙的动物呈现出惊人的数字，仅在美国每天在道路上被杀死的脊椎动物估测就有100万。减少这种残杀最好的办法就是限制道路的数量，这也是有保护意识的规划师和开发商的一个重要目标。在缺乏邻近道路或起初不建造它们的情况下，减少路毙动物最成功的技术是设置可以限制动物在道路上迁移的围墙，并与允许动物安全穿越道路的地下通道或天桥结合起来。地下通道可以从火蜥蜴和其他两栖动物的浅埋隧道到大片植被覆盖的高架道路（图6-6，图7-5e）。预先为两栖动物和小型哺乳动物建造的地下通道（涵洞）相对较便宜，而且它们可以与那些被规划道路分割了先前连续的种群或孤立觅食生境、繁殖栖息地或营巢地的居住小区或商业发展结合起来。

天桥可以由高速公路上凸起的拱形（在某些情况下能有几百英尺宽）或者覆盖着自然植被的桥梁组成，这些桥梁与周围景观齐平或者跨过凹陷的路基（见表7-5d）。任何天桥或地下通道都必须与有效的围墙、平台或其他可以引导动物往过境点迁移的屏障配套。野生动物穿越系统应根据特定目标种——最感兴趣的动

图6-5a 在所有廊道类型中，中央分隔的高速公路是最有可能发生动物横跨现象的一种。这样的屏障使得高速公路两边的种群彼此分隔，导致每一个小分组种群更容易灭绝。这种孤立效应同样适用于鸟类、昆虫、爬虫类、两栖类和哺乳类。多车道高速公路的边缘效应可以从有许多哺乳类和污染敏感型植物的几百英尺范围内到有噪声敏感草原鸟类和其他物种的几英里范围内任意扩散。大多数道路边缘和中分带的物种易于成为边缘种和外来种。（*Sources*：H.-J. Mader, "Animal Habitat Isolation by Roads and Agricultural Fields," *Biological Conservation* 29（1984）：81-96；Richard T.T. Forman et al., Road Ecology：Science and Solutions [Washington, DC：Island Press, 2003].）

图6-5b 高速双车道公路的路毙率最高，因为相比跨越超级高速公路，多数动物更易于穿越这些道路。许多动物被道路或路边的食物、盐、温暖的表面，甚至是暴雨过后泥潭的积水而诱惑。路毙率在自然迁移廊道被道路切断地带会更高。道路死亡率不太可能威胁快速繁殖的动物，然而却是影响稀有或生殖力不旺盛的种类，尤其是大型哺乳类的一个主要因素。（Sources：Patricia A. White and Michelle Einst, Second Nature：Improving Transportation without Putting Nature Second [Washington, DC：Defenders of Wildlife, 2003]；A.F.Bennett, "Roads, Roadsides and Wildlife Conservation：A Review," in Denis A. Sanuders and Richard J. Hobbs, eds., Nature Conservation 2：The Role of Corridors [Chipping Norton, Australia：Surrey Beatty, 1991], pp. 99-117.）

图6-5c　次要道路的一个主要影响是在景观中"占据空间"。美国的公共道路和相邻的路侧地区约占据了2700万英亩，或者说1100万公顷（美国土地面积的1.2%）的土地。在这些道路附近退化的栖息地中的"道路影响域"几乎占了整个美国土地的五分之一。尽管道路廊道确实促进了某些入侵种的扩散，作为动物迁移导管的开放路侧仍是可遇而不可求。即使是一个狭窄的铺面道路也作为许多昆虫和小型哺乳类动物迁移的屏障。将两栖类的繁殖栖息地与成年栖息地分隔开来的道路可能对两栖类种群有重大影响。（Sources：Forman et al.，Road Ecology；Richard T.T. Forman，"Estimate of the Area Affected Ecologically by the Road System in the United States，" Conservation Biology 14，no. 1[2000]：31–35；B.A. Wilcox and D.D. Murphy，"Migration and Control of Purple Loosestrife [Lythrium salicaria L.] along Highway Corridors，" Environmental Management 13 [1989]：365–70；Richard T.T. Forman and Lauren E. Alexander，"Roads and Their Major Ecological Effects，" Annual Review of Ecology and Systemmatics 29 [1998]：207–31.）

图6-5d　尽管狭窄的、不砌面的道路相比铺面道路而言对许多物种有更少的屏障，但它们仍然被许多昆虫和小型哺乳动物的迁移所占据。据知，捕食者沿着交通量小的坑洼路面迁移。就算是轻微使用的森林道路也能促使人类进入自然区域进行狩猎和伐木等入侵活动，以及助长那些种子可以借助交通工具扩散的入侵种的传播。像熊和麋鹿等大型哺乳动物对道路密度十分敏感。基于这个原因，一些土地管理者提出了在自然及半自然区域封闭道路以稳定内部珍稀物种种群的建议。（Sources：Bennett，"Roads，Roadsides and Wildlife Conservation."）

图6-5e　铁道廊道很少会完全没有本地物种，但这些区域栖息地的价值因它们被如何管理而异。剩余的自然植被是本地物种最中意的，铁道廊道比道路更有可能展示出这种"善意的忽视"。举个例子，在美国中西部的农业区，铁道廊道包含了一些原生草原最后的残余，因此铁道廊道也成为草原恢复项目中本地植物种子的重要来源。城区内在用及废弃的铁道廊道具有重要的生态意义，因为它们是在高强度管理基质中存在的少数非管理区域。

图6-5f　城市和郊区的绿道将多样的功能——栖息地保护、娱乐、慢行系统、历史或文化欣赏——与单一的廊道联合起来。绿道栖息地通常主要适合于边缘物种是由于其狭窄的宽度以及人类对廊道高强度的使用。大多数开发区域的绿道有很多狭窄点或者被道路切断，这些在很大程度上限制了它们在野生动物长期迁移运动中的价值。河滨廊道可以过滤污染物和过度的营养物，减少侵蚀以及提升溪流生境。(Sources：Reed F. Noss, "Wildlife Corridors," in Daniel S. Smith and Paul C. Hellmund, eds., Ecology of Greenways [Minneapolis：University of Minnesota Press, 1993].)

图6-5g　与道路不同，山径和小路常被哺乳动物用作迁移的通道。然而，人类高强度的使用或者甚至是狗的有限使用（通常会留下臭迹）急剧地减少了野生动物对它们的使用。界限明确且狭窄的路径比宽阔或纵横交错的路径对野生动物的影响更少，因为人类活动相比之下更分散，使得动物可以学会避开他们。因此，在敏感的自然保护区，土地管理者希望将大多数的人类利用（和所有狗的使用）限制在靠近边缘的场地的一部分之中。(Sources：Richard T. T. Forman, Land Mosaics：The Ecology of Landscapes and Regions [Cambridge：Cambridge University Press, 1995], p. 174.)

图6-5h　与道路一样，公用廊道（高压线，天然气和石油管道等等）包含的主要是边缘物种。大多数公用廊道因为人类有规律的干扰而保持开放，例如砍伐或除草剂喷洒。研究表明公用走廊被许多哺乳动物、鸟类、两栖类和昆虫的穿越所占据。生态健全的管理可能包含种植本地草本和灌木种类，他们对频繁维护的要求更少，还可以为本地动物提供更好的栖息地，以及为迁移运动创造更少的屏障。另外，曲线的、"柔软的"边缘可能促进动物迁移进入或跨越廊道。(Sources：Forman, Land Mosaics, p. 174；H.H. Obrecht III, W.J. Fleming, and J.H. Parsons, "Management of Powerline Rights-of-way for Botanical and Wildlife Value in Metropolitan Areas," in Lowell W. Adams and Daniel L. Leedy, eds., Wildlife Conservation in Metropolitan Environment [Columbia, MD：National Institute for Urban Wildlife, 1991], p. 255)

图6-6　蝾螈在向它们繁殖池的年度迁移时会使用这种隧道来跨越道路。注意，照片前景中显示的围栏和混凝土"漏斗"可以引导蝾螈从地下通过，从而阻止它们从地面上通过。

物和对道路屏障最敏感的物种——的需求进行设计。根据这些物种的需求进行调节可以得出对大多数其他物种也适用的系统。这些需求可以确定穿越结构安置的位置，确定它是从道路上面还是下面穿过，确定它的长度以及表面应该使用何种材料。

　　除了减少路毙动物和加强野生动物迁移之外，灵活的道路设计还应囊括道路其他主要的生态影响，包含变化的排水和水文、污染的径流以及非本土植被的扩散。关于植被，近期为增强路边栖息地所做的尝试包含种植当地野生牧草、花卉和灌木而不是非乡土种类。这项活动将路测植被管理的早期目标——护坡，为失控车辆提供一个明确的区域，美化路侧以及将维护费用最小化——与对路侧栖息地潜在价值的新认识结合起来。例如，洛瓦（Lowa）的生活道路计划鼓励并资助沿着该州的道路种植乡土植物，包括恢复的草原区。路侧的管理者和生态学家们已经发现使用本土的草原植物以及低强度的收割和除草剂喷洒法则（或根本不使用）能有效地减少杂草和腐蚀问题，与此同时还能改善天然草地植物、鸟类、昆虫的栖息地。

国家程序并非是促进生态兼容的路侧管理的唯一途径。在市、县层级的规划师可以鼓励或要求在公共及私人开发的新项目中使用本土路测植被。与此同时，工程师和建筑师可以建议使用乡土草本或灌木作为美学欣赏，以及作为相对于单一栽培非乡土草本的另一个维护成本低的选择。

土地马赛克，土地转换和对规划的影响

在某一时间点及时地拍下土地的快照，土地上的斑块、廊道和基质呈现马赛克状或者至少看上去很像马赛克。这个马赛克的形成是来源于变化的环境（如土壤、水分和地形），自然干扰和人类活动。然而，在10年、50年或100年后，这个马赛克可能看起来不同。其中两个进程会造成这种变化。

除去人类活动的干扰，第4章中讨论的自然干扰过程和自然连续过程导致了马赛克的变化，在这一过程中，个别斑块从植被演替的早期到晚期都进行改变，但自然作为一个整体仍在保持均衡（图6-7）。因为不同的物种依赖于不同的光照演替期、营养物质、食物和遮蔽，因此在演替期内任何一给定时间段内至少存在一些斑块是很重要的。例如在新英格兰北部以及加拿大东部，驼鹿在刚被砍伐或者被风和冰破坏的硬木林中寻找它们大部分食物，而在这种景观中羽平藓只发生在演替林后期。缺乏这两种森林类型的景观无法支持所有的本地物种。

相比于连续和干扰不断循环的自然的马赛克，人类所影响的马赛克更加倾向于变成融入更多人类土地使用的自然栖息地的基质。明白这是怎么发生的，对于规划者和设计者非常有用。土地转换通常经过很多不同的过程：穿孔、分裂、碎片、收缩和磨损（图6-8）。所有这五个过程往往集中在通常所说的碎片这个词，但从生态角度来看存在重要差异。

当分散的房子建在自然栖息地内或当远处的森林斑块被砍伐的时候通常发生穿孔。这个过程快速增加边界的数量，并且减少不间断的栖息地内部斑块的最大值。例如，如果只是十个房子是分散在一个偏远的，有森林覆盖的1000英亩（400公顷）的一个小镇上，大约110英亩（45公顷）的边缘栖息地将被创建，形成300英尺（90米）的边缘宽度。对于那些需要内部栖息地提供大型斑块的物种穿孔是最

 幼龄林

 中龄林

 老龄林

图6-7　即使没有了人类的介入，连续和干扰的结果依然造成景观的改变。这张图说明了随着50年时间的流逝，同一处森林景观从一种变成另一种。个体的斑块从幼龄林变成中龄林再变成老龄林而不断成熟，同时自然干扰使得老龄林中产生幼龄林。然而随着时间的变化，景观作为由不同年龄的森林组成的整体仍然呈现出马赛克状。

麻烦的问题。至少在最初，穿孔不可能划分自然种群，因为自然栖息地的特质是持续的。

　　道路和其他的人类廊道将大片的基质划分。正如之前所讨论的，不同类别的人类廊道为一些物种而不是其他物种形成了障碍。如果某物种的种群不能通过廊道，种群将被分散。这种情况就算只有5%的景观被直接改变依然会发生。相对于直接改变的土地数量而言，分裂也能创造大量的边缘地带。

碎片和收缩发生在自然栖息地中的斑块变得不连续的时候。当这一切发生的时候，自然栖息地甚至可能变为人类利用的土地。在这一点上，许多内部种没有丢失的种群和许多其他种群将被分为异质种群或被缩减成可能很快会消失的不连续的小种群。然而，景观仍可能为广幅种、活动范围需求小的物种、迁移鸟类以及其他在从核心栖息地迁移到别处时可以将自然栖息地当作跳板的物种提供栖息地。

磨损是土地转换的最后阶段，发生在自然栖息地的残余斑块完全丢失的过程中。在这个阶段，即使栖息地边缘的数量迅速减少并且生物种群变得有限，但是这些物种仍然可以容忍人类土地的使用活动。

对于土地转换的研究为规划者和土地开发者提供了两个重要的原则。首先，对敏感的本地物种最大的冲击通常发生在土地转换过程的早期，此时四分之一的社区土地已经被开发。因此，生态规划需要立即开始而不是等待直到大幅增长形成了一个小镇，县或区域。第二，分散的开发比等量的集中开发更不利于自然社区，因为它加速了所有的5种土地转换过程：穿孔、分裂、粉碎、收缩和磨损。这一原则为场地层面特别是城市和区域层面的集群化发展提供了生态支持，原生植物斑块的大量残留可以得到保留。

回顾了景观生态学的主要概念，我们现在可以向相关的规划和开发人员问两个问题：在哪里以及在怎样的序列下土地应该得到开发，使得生态价值最大化？景观生态学家理查德·福尔曼和沙龙·克林格（Sharon Collinge）提出了对这些问题的概念性回答，下面的讨论是基于他们提出的土地利用规划的"空间解决方案"。

从生态学观点看，哪里是最好的地方去安置如新住房开发、道路、购物中心、农场或自然保护区等给定功能的使用土地？尽管这个问题的答案取决于特殊变量，景观生态学可以提供一个通用的回答，这个回答可以适用于目前的规划或设计问题。在景观层面，自然植被四个"不可或缺的模式"必须保留以保护本地物种和自然过程。这些模式在图框6-1中讨论。

聚合与分散模型是一个将这四个模式纳入土地利用计划的可能的方式。这个设计建议主要土地使用，例如自然植被、农业、城市发展应该采用聚合方式达到效益最大化。另外，还应创建分散斑块来为边缘物种提供栖息地，减少受灾害影响的风

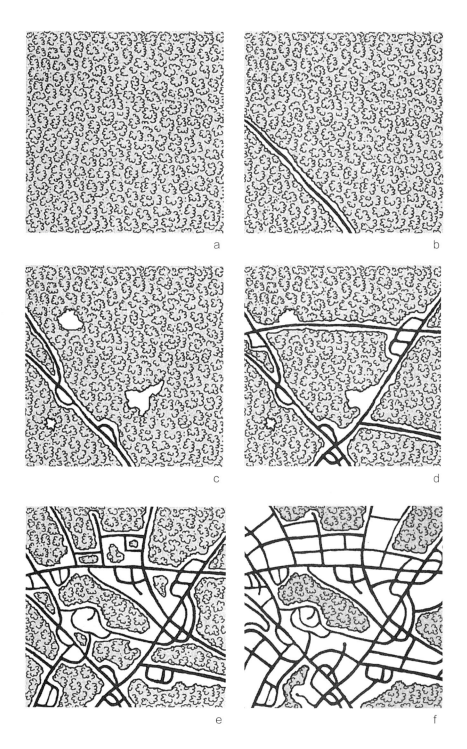

图6-8　这一组图片表达了在人们居住过程中多种土地的转换过程。他们依次展现了无人居住的森林景观（a），分裂（b），穿孔（c），粉碎（d），收缩（e），磨损（f）。

险，减少影响单一斑块的病虫害爆发，增加基因突变的可能，为人类更好的欣赏自然提供机会。当地物种的连接性应该同时由同为基础的自然廊道以及小型斑块作为支撑（图6-9）。

聚合与分散模型在自然植被区和城市地区中运用方法并不完全相同。正如我们在本书中讨论的，城市和郊区的人受益于在整个开发格局的小片的自然植被。相比之下，城市地区的小斑块不改善当地的生态系统的功能，这是与大的斑块相比的缺点。再次强调，这些原则为基于生态的土地利用规划提供了一种通用的解决方案。但这种方案必须基于地块的详细情况不断完善。

转换土地能带来的最生态的最佳结果是什么？规划者使用许多技术来影响土地的转换的顺序，这种顺序体现在土地开发或改变中。分区地图，基础设施投资项目，城市增长边界，开发条例、奖励和补贴都影响土地转换的序列。基于生态规律的土地转换方法将四个不可或缺的景观效益最大化并使其维持尽可能长的时间。因此，在生态侧重的土地应该多采用聚合方式发展，保留大的区域为自然区，并维持相对长的时间。在农业改造或开发土地，应该保留小斑块

图框6-1
生态保护不可避免的模式

1. 大型自然斑块。大型斑块是保护内部种以及大范围活动物种的唯一办法。大型斑块更能容纳那些自然干扰不会一次性影响整个土地的流动镶嵌，这样，在任何给定的时间内一些连续的时期（与它们相关的生物社区一起）都能呈现出来。

2. 植被河岸走廊。溪边自然植被对于保护许多重要的水生物种至关重要。

3. 大型斑块之间的连接性。景观必须为物种利益保护提供功能连通性，也就是这些物种可以用来进行栖息地运动、迁移和扩散的连接区域。连续的走廊最有可能提供这个功能，但是在比较合适的基质中的跳板就可以满足大部分物种。

4. 人类控制地区的自然残留物。在城市或农业景观中，三种类型的自然遗迹应该受到保护，以下按优先级递减的顺序排列：（1）有特别高保护价值的领域，如景观中罕见的生态小环境；（2）提供必要的生态系统服务的景观类型，如防洪；（3）曾经可以提供边缘物种栖息地以及为人类与大自然接触提供途径的自然基质的残留。

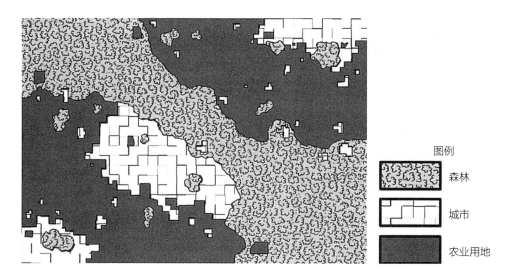

图例
森林
城市
农业用地

图6-9 此处聚合与分散模型，已被建议作为一种将生物保护和人类土地利用在景观层面（数万英里或公里）结合起来的方法。[基于理查德·t·t·福尔曼（Richard T. T. Forman）和莎朗·K·克林格（Sharon. K. Collinge），"空间解决方案"在景观和地区层面进行生物多样性保护，"在R.M.底格里夫和R.I.米勒等实行。森林景观中的动物物种多样性的保护（伦敦：查普曼Chapman和霍尔Hall，1996），页537-68]

和走廊。图6-10说明了更加生态友好的土地转换换序列是如何在扩建中占到了20%、50%和80%的比例的。即使在80%阶段，景观还可以支持在大斑块中或者在一些小斑块中的许多物种的保护。这是与传统城市（或农业）发展完全不同的结果，大自然的重要性在传统城市（或农业）发展中被忽视了，生态性也很少被考虑。

这些景观生态学所给出的最佳土地利用模式的实用性和可实施性是怎样的呢？刚开始，在村镇尺度上确定开发区、农业区、自然栖息地的土地的想法显得与财产所有权相违背，更别提正确地实施了。但正如原本的一些成功案例一样，通过这种方式指导土地利用可通过分区和规划来实现。例如，城市生长的边界（例如波特兰，俄勒冈州）以及区域的开发权项目（例如新泽西的松林地）都是很重要的在景观层面实现了聚合与分散土地利用模式的案例（详细内容见第10章对于这些工具的讨论）。

相反，大批分区（大约每一区1～40英亩，或0.4～16公顷）违背这些生态土地使用的解决方案，因为它创建了一个精密混合物，包括发展的土地、农业用地和自然的土地，排除了大片聚合所带来的好处。虽然一些大型住宅区可以保留生态价

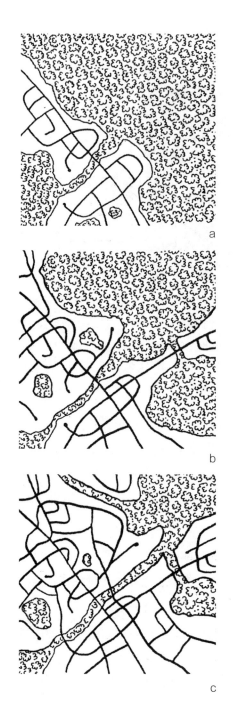

图6-10　这三个时间序列草图显示一个社区在20%（a），50%（b），80%（c）的扩建时展现的怎样使土地转可以具有最大化价值。然而早期的典型社区发展的结果产生了广泛的栖息地退化（图6-8），这种改进的序列保留了在每个发展阶段最大的大型生境斑块和走廊。[基于理查德T.T.福尔曼（Richard T. T. Forman）和莎朗.K.克林格（Sharon K. Collinge）"在景观和区域中保护生物多样性的空间解决方案"在R.m.底格里夫（R. M. DeGraaf）和R.I.米勒（R. I. Miller）编辑的。森林景观中的动物物种多样性的保护（伦敦：查普曼Chapman和霍尔Hall，1996），页537‑68]

值（图框10-1），甚至发现在美国西部35英亩（14公顷）"小牧场"的房子显著减少了本地鸟类和捕食者，与附近的农场土地和自然保护区相比引入了更多食肉动物和植物。因为小牧场太分散，相比在一个普通的郊区的同等数量的房子，小牧场的发展减少了更多的自然栖息地。

即使在个体的角度，聚合或集群发展的生态效益明显与分散而均匀地发展截然相反。例如，如果一个640英亩（1平方英里或260公顷）的土地分为16个40英亩的在西方常见的房屋区域，假设650英尺（200米）扰动半径（边缘效应）在房子周围，76%的地带将受到发展的影响。然而，如果房子是聚集在四分之一的土地（10英亩区域），只有31%的土地受到影响。后续章节会对这些设计理念进一步讲解。

生态系统

通过回顾，一个生态系统是生物群落加上支持它的无生命的环境的总和。当英国生态学家A.G.坦斯利（A.G.Tansley）在1935年创造了这个词，生态系统生态学领域才刚刚开始从研究个体生物的行为、功能和交流互动到研究更全面的自然观，如化学，材料，和热力学系统以及一个生物类型。再后来，生态系统学家在生态系统中通过研究生命体及非生命体，在量化流水能量、营养物和其他成分的领域上获得巨大的进步。

在自然经济中，生物体会获取和消耗不同非生物"货币"。这些"货币"是维持生命所必需的。通过帮助确定哪些物种可以在任何给定的环境中生存，这些组成部分的浓度，形式和流动在环境中的平衡影响着生物多样性。规划者和设计者应该对这些生态系统的货币，有基本的认识了解人类土地使用和活动如何影响它们，以及我们可以做些什么来减轻这些影响。

能量也许是最重要的生态系统货币。正如第五章讨论的能源通过食物网从植物流向食草动物、食肉动物和分解者。在光合作用中，植物在阳光下将光能量存储为化学能通过消耗水分和释放氧气，将低能碳（如二氧化碳）转换为各种高能碳（如糖分和碳水化合物，如葡萄糖）。动物则是进行反过程，使用高能碳分子和氧气，释放能量并生成二氧化碳和水作为副产品。没有氧气，动物不能完成新陈代谢过程，他们会死亡。这些基本的能量传递过程发生在地球上的每一个生态系统。

营养是生物体维持基本生命过程所必需的化学物质。最重要的植物营养物质是氮和磷。它们是蛋白质，核酸和其他细胞组件重要的组成成分。这些元素的多少和存在形式同样重要：植物可以吸收某些特定化学形式的氮和磷，而不能吸收其他形式的氮和磷。在根部固氮细菌的帮助下，豆类，如苜蓿和豆子，把丰富但生物无法使用的氮气（N_2）在大气中合成植物可以吸收的氨（NH_3）。生物所需的其他主要营养还包括钾、硫、钙、镁、铁、钠。

所有这些营养物质对生命至关重要，在许多情况下，某一种限制性营养物质会控制任一给定的生态系统能支撑植物生长的程度（见82-84页）。在大多数的生态系统，对于大多数植物，氮、磷，或者两者都是限制性营养物质，氮在陆地和海洋生态系统中更常见，磷在淡水生态系统更常见。当额外的限制性营养变得可用时，植物生长的总量（称为生态系统的初级生产）可以显著增加。当人类人为增加生态系统中的可用性的限制性营养时，比如给农作物施肥，或者当营养物质从污水进入生态系统，植物的增长通常变得更加旺盛（见表6-2的主要人类施加的丰富营养的来源）。但其他的变化也会产生。由于其他的一些物种可能在高营养条件的环境下会得到显著的竞争优势，一些物种更适应于低营养条件的环境。鉴于这种情况，现存的植物种类和量将会受到影响。不幸的是，许多外来入侵类植物在高营养环境中苗壮成长，并在诸如路边和农场边缘取得竞争优势。食草动物食用植物可能会在享用营养丰富的树叶和嫩枝的时候为生态系统增加氮和磷。

在水生生态系统中，养分富集或富营养化的影响则会更加显著。许多居住在（或拥有避暑别墅）浅湖或池塘周围的人们已经放弃了在那里游泳的念头。因为水体已经被受到从污水处理系统中渗透出来的氮、磷所刺激的杂草及藻类覆盖。当这种植物死了，分解菌将其分解并迅速消耗水体中的溶解氧，导致鱼类死亡。富营养化也可以通过影响植物之间的竞争平衡改变水体中的物种组成。

除了通过营养物质的可用性和流动性来改变影响生态系统之外，人类还会通过引入各种各样的化学污染物影响生态系统。化学污染可能是人类活动所给生态系统带来的最重要的负面影响，因为空气流动，城市和工业污染物可以移动几百英里。北美最令人担忧的生态系统和生物多样性的两种类型的化学污染破坏源是：酸沉积和臭氧。酸沉积（酸雨以及干沉积）发生在电厂、工厂和机动车的二氧化硫和氮氧化物的排放时期，这些气体在大气中发生化学反应形成硫酸和硝酸。

人类向自然排放的大量氮、磷的来源	表6-2

氮	磷
农业	农业
·化学肥料	·施肥过程和动物饲养过程
·施肥过程和动物饲养过程	·化学肥料
大气沉降的沉淀物和灰尘	污水处理厂和净化系统
·农业来源	·人类垃圾
·机动车排放物来源	·工厂废弃物
·工厂来源	·洗涤剂
污水处理厂和净化系统	其他非点污染源（草地及高尔夫场地肥料，家畜，地表径流等）
·人类垃圾	其他点源污染（工业排放，垃圾填埋）
其他非点源污染源（草地及高尔夫场地肥料，家畜，地表径流等）	
其他点源污染（工业排放，垃圾填埋）	

来源：帕特里夏.A.钱伯斯（Patricia A. Chambers）et al.，营养和环境对加拿大的影响（赫尔，魁北克：加拿大环境，2001年）；S.R.卡朋特（S. R. Carpenter）et al.，非点源的污染地表水的磷和氮。（生态学应用8，1998年第3期：559-68）

注意：氮和磷的来源按照重要性顺序列出，并且每个源中子类也按照重要性顺序列出。来源的相对重要性取决于景观本身因此可能有所不同，城市地区产生更大比例的过剩的营养来自工业和其他污染源，而农村地从农业和大气沉积区获得更大比例的污染源。

　　当他们随着降雨或空气中的微粒到地面，这些物质会酸化土壤和水域。在陆地上，当土壤过滤出植物的其他营养物质时，酸沉积会增加氮可用性。这个过程会扰乱森林的营养平衡，导致主要树种的衰落，尤其是常绿树。酸沉积还会减少几乎没有自然中和酸能力的淡水生态系统的生物多样性和自然运转功能。由于酸污染，美国东部的雨水可能会导致当地的鱼类死亡；因此，例如在纽约的阿迪朗达克山脉（New York's Adirondack Mountains）至少20%的湖泊和南阿巴拉契亚山脉（southern Appalachians）估计有9000英里（15000公里）的流域很少有鱼类存在。只有到化学污染得到解决，淡水系统的生物修复才是可能的。尽管1990年美国清洁空气法修正案规定要减少二氧化硫的排放，减少酸沉积，尤其是氮的化合物，但是至今这仍然是一个重要的问题。

在高层大气中臭氧是有益的，可以保护地球上的生命免受紫外线辐射。但过度的低层大气中的臭氧会导致生态系统损害以及广泛的人类健康问题，使包括哮喘和其他呼吸道疾病在内的疾病发病率增加。臭氧水平升高是由人类排放的氮氧化物和挥发性有机化合物（如石油燃料和溶剂）通过一系列复杂的化学反应所造成的结果。主要作用包括生长迟滞、破坏叶子或针叶损坏，增加树种的死亡，如加州的杰弗里松和杰克松；阿帕拉契山脉（Appalachians）的松树、云杉、冷杉；东北部的糖枫树。在有关主题的综合科学研究中，世界资源研究所得出的结论是，"臭氧的环境水平是美国东部森林的针叶树和阔叶树发育不良的主要原因"。

对于规划师和设计师，了解一个区域或其生态系统的基本情况可以使规划或者设计更具有环境兼容性。在基线数据收集阶段，这有助于识别区域或场地（尤其是任何水生栖息地）的重要物质的流入和流出，如营养、沉积物、毒素或热量。通常这些流动不做任何领域测量就可以辨别，例如，可以很简单地知道农民耕种土地使用大量的化肥和农药。了解生态系统的生态基线，可以评估一个计划或项目是否会增加或减少任何流动，如果这些变化是有害的，就要找到方法来削弱。使用这种方法具体的例子可能包括种植更多的树木来减少大量的柏油路带来的"热岛"效应或使用植被洼地在流水进入水道前沉积泥沙。当酸沉积和地面臭氧的影响超过当地土地利用的范围时，如果想要"思考全球化，行动本地化"，规划者和设计者就应该理解远距离规划的后果，例如将增加运输距离或电力消耗。他们也要考虑当地和远处的空气污染可能带来的对于人们健康和当地生态系统的长期影响。

淡水生态系统和它们与土地的关系

相比任何其他生态系统类型，人类更多地破坏了淡水生态系统和当地的生物多样性。在美国这个小龙虾、淡水蚌类、蜗牛和几种类型的淡水昆虫的多样性排名全球第一的国家，这个问题已经成为一个危机。超过全国的300种淡水蚌类物种的三分之二遭遇灭绝或受到威胁，正如322种小龙虾中的51%和801类鱼中的300多个物种遭到威胁。本节提供了淡水生态系统和人类对这些生态系统的影响的简要概述。一些规划者和设计者可以使用的减轻这些影响的技术将在第10章讨论。

河流和小溪以及物种呈现的不同功能取决于它们的大小、位置以及流域。基本了解这些差异可以帮助我们更好的把握在给定的水域中保护生态系统的生物多样性的核心。例如，河岸植被在源头溪流中至关重要但在主要河流中则不然（尽管仍然可取）。关键特性和过程总结见表6-3。

人类对于淡水生态系统的损害几乎多到数不清，但是它们可以分为直接和间接的影响。直接对河流、溪流和湖泊的影响包括水位下降、大坝建设、河流渠道化或调整、疏浚、灌装、引进外来物种和直接向水体排放污染物。这些做法几乎总是不利于本地物种，因此在支持或纳入规划之前应该受到规划者和设计者的详细批阅。美国环境法律自20世纪70年代颁布以来已经大幅减少直接排放污染物并且对取水提供了更多的监督。最近，人们已经开始努力减少通过大坝和河流渠道化等项目所带来的危害，比如在佛罗里达的湿地恢复和在整个美国和加拿大取消大坝。

间接影响包括人类在水体流域周围的土地利用对淡水生态系统所造成的影响。其中最主要的是非点源污染，人类活动增加水体的沉淀物的数量，多余的营养物质，有毒化学物质和其他污染物。这个概念与生态保护密切相关，因为规划者和设计者可以通过土地利用建议使污染问题减轻或恶化。土地利用对淡水生态系统最重要的及其原生生物多样性的影响总结见表6-4。

景观生态学原理适用于河流以及土地；水流和土地的主要区别是水域本质上是一个一维的世界，生物和非生物流只能在上游或下游移动。这一事实使流域系统尤其重要，因为鱼类和其他水生物种只能在水里存在。大坝是一个明显的对物种运动的障碍，但一条两英里长的河岸没有植被（因此，水的温度过于温暖）或地区污水处理污水管可能也是一些物种的障碍。将这一概念应用于土地利用规划时表明，当资金有限时，流域规划应优先保护，这种保护不仅仅是基于他们的先天特征，也基于河流的连通性。另外，阻碍可以通过移除大坝，恢复河岸植被或清理污染来源解决。

溪流特征   表6-3

	河流上游 1~3段水域	河流中游 3~5段水域	河流下游 第5段以上水域
物理 性质	坡度大，流速大，底部有岩石或碎石，大约15英尺（5米）宽	深潭浅滩交替变化，底部是碎石、砂石或淤泥，大约15~50英尺（5~15米）宽	低坡度，水流缓慢，含沙量大，底部为淤泥，有开阔的泛滥平原，大约超过50英尺（15米）宽
水质 性质	冷水，水溶氧高	水温温和	水温温和，水溶氧低
生物 特征	土壤腐殖质是食物链的基础，很多水生动物到水底躲避急流，鱼类在碎石或者岩石河岸进行产卵	能量输入包括河岸碎屑，上游分子和水体的光合作用，大量的小生境	主要能量输入是上游的分子，大量的底栖生物群落

来源：詹姆斯·格兰特·马克布鲁姆（James Grant MacBroom）河流之书。（哈特福德：康涅狄格州（Connecticut）环境保护部，1998）。

1段水流是一个没有支流的常年流河。2段水流是两个1段水流交汇形成，以此类推。

在所有市、县和区域土地利用规划中，水生栖息地都应被列入考虑。较为有效的第一步是准备一张能呈示诸如大坝位置，被渠化或管道化的地下河道范围，以及缺乏沿岸河岸种植的位置的区域水文网信息图。当缺乏更多的当地水体信息时，淡水生态系统是一个可以适当地依赖指标物种的地方；敏感的淡水物种如鳟鱼、蜉蝣和毛翅蝇通常代表了良好的水质，而其他无脊椎动物，如等足类动物和红蚯蚓（蚊幼虫），往往表明水体中有高浓度的污染和细小的沙尘。在许多社区，志愿者团队有时被称为"水流团队"，他们收集基本数据比如水温、浊度、指示物种和底部及驳岸结构。由此产生的水文地图和水流数据将有助于突出水生栖息地的高价值，找出栖息地已严重退化的地区以及水生生物多样性的主要威胁。反过来，这些信息可以用来指导地区政策根据不同分区的位置及场地规划要求制定栖息地的保护和恢复计划。

土地利用对淡水生态系统及其原生生物多样性的影响   表6-4

问题	主要原因	对当地生物多样性的影响
水温升高	水边植被的减少；来自建筑及铺装的地表径流	减少冷水藻类和昆虫，导致当地冷水鱼灭绝
富营养化（过多的氮和磷）	农药，净化系统，动物废弃物，大气沉淀	利于外来植物生长，使鱼类死亡，加大有毒细菌的扩散
杀虫剂和除草剂污染	农田，高尔夫场地，草地，公园的径流	使水生动物死亡、畸形、降低繁殖成功率
石油、重金属和其他有毒物质污染	道路和公园场地径流	使水生动物死亡、畸形、降低繁殖成功率
引入侵略性外来物种	外来物种随船进入或是在自然过程中进入，外地动物植物的释放	外来物种更有竞争力或以当地动植物为食
水流峰值增高和洪水	不透水面层，湿地和当地的植物的减少	改变河流栖息地小生境的数量和结构
干燥季节基流水量减少	过量用水和不透水面层	干旱季节水生物种所依赖的栖息地减少或退化
沉降和浑浊增加（水质混浊）	城市和农业土地的侵蚀	浑浊的水底使水生昆虫、小龙虾、软体动物和蜗牛无法生存，降低鱼类的繁殖量
沿河生境的消失或改变	沿河植被的减少	河岸物种减少，沿河廊道不适合物种迁徙
缺少有机输入	沿河植被的减少	破坏水生食物链，减少鱼类及昆虫数量

流量由全年持续地下水补给的底流和根据降水变化的地表径流组成。在自然运行水域，植被、土壤、湿地、和泛滥平原可以作为海绵，限制最大流量和帮助维持基流全年水平。当这个功能受损，洪水会更频繁和更严重，旱季水域又会长时间地保持低流量或无水状态。

生态完整性和可持续性

阅读了关于生态学的科学的这些章节之后，你可能会因为与规划师和设计师相关的大量的生态因子而感到惊诧，这些因子中大都比较复杂，很难完全评估。这其中的哪些因素对于规划是最重要的呢？我们怎么知道我们的方案对于本地生物多样性保护是足够的？在人口不断扩大和土地用不断增多的世界我们真的可以保护多少自然？节约型和具有保护思维的规划者、设计师、开发人员和公民应该有什么样的目标呢？最后一个问题的答案部分取决于个人，根据自己的环境保护意识与工作或志愿者组织的使命制定。但生态学家最近提供了一些通过开发整体生态完整性评估去融合所有的相关生态因子成一个单一的框架的科学视角。可持续发展是生态完整性与人类的长期经济繁荣和社会平等结合而成的。我们将在文中对生态科学的讨论、以上所提的概念以及可以约束规划者，设计者和开发者的道德规范紧密的结合在一起。

生态完整性类似于人类健康：它依赖于相关因素的系统的结构、功能和能力来维持本身处于最优的状态直到未来。生态学家詹姆斯·卡尔（James Karr），他开创了这个概念，定义了一个生态完整性系统，它可以作为一个自然的物理的和化学的过程，可以"支持和维护一个平衡、综合自适应生物系统的全系列的元素。"

第三部分

应用

　　生态学家Richard Forman定义完整性由四个接近自然层次的生态特征组成——生产力、生物多样性、土壤和水——每一个都可以定量测量。以上两种完整性的定义，均与未受现代人类活动影响的原生生态系统息息相关。然而，正如先前所讨论的，野生的自然不是一种静止的状态，其内的物种和生态系统是能够应对外界干扰和物质变化的。

　　上述定义下的生态完整性在有大量人类活动或者大量土地被人类利用的景观中往往无法维持。因此，这样的思考方式将对土地利用的专业人士更有帮助，即不将上述景观的生态完整性看作是其达到或者未能达到的单一条件，而是将其视作高度完整性与越来越少的完整性之间的过渡。例如，我们也许能够使得部分景观达到高度的生态完整性（诸如溪流的源头、罕见的微小生境以及小型的自然保护区）又或者提升那些已经受到威胁和破坏区域的生态完整性。此外，生态完整性是衡量所提出规划或者设计生态影响的基准。如果政府评审者能将生产力、生物多样性、土壤以及水体等要素的前期及后期开发作为强制性环保审查的一部分，那么土地的开发在生态方面几乎将肯定变得更加的敏感。

　　限于地球上人类活动的范围，生态完整性存在着无法维持的情况，而生态健康的规范则可能是土地利用专业人士的合理研究对象。生态健康要求人类在某场地上的活动应避免（1）不可逆的或长期持久的影响（诸如水土流失或有毒污染）与（2）异地的影响，例如污染或者栖息地破碎化等会降低其他仍具有生态完整性的生态系统。生态健康仍然是一个远大的目标，如果它成为规划和开发过程一个标准的部分将带来可观的收益。同时生态健康是能够非常实用地指出具体设计修改意见的研究对象，诸如减少会对土壤造成长期影响的分层及铺装；通过有效的交通规划和节能建筑的设计减少对化石燃料能源的需求；利用雨水管理系统，以最大限度减少污染的径流并模拟自然的水文过程。

退后一步去审阅一个非常巨大的场景总是有风险的，我们也许不喜欢这样的场景以及它所提及的关于我们的价值观、生活方式抑或工作。但如果你正在阅读这本书，你可能愿意研究这个重要的观点。坦率地说，现在发生在美国或者加拿大的规划或者开发很少是可持续的。土地利用源于对未来严重的透支，以高速消费不可再生以及可再生资源为代价——诸如土壤、地下水以及森林——直至需要数百或者数千年才能够恢复它们。我们的生态影响已经在本土、区域以及全球范围内大大加速了物种灭绝的速度，并且其还以我们难以理解的方式影响着自然。目前的规划设计实践常常只考虑短期的经济收益，为子孙后代留下了一系列问题。而且这种行为太过频繁，它们无法促进社会平等，反而放大了财富的差距，鼓励以环境破坏为代价的攀比消费，使得全世界的穷人持续贫穷。总之，假设按照美国、加拿大或者欧洲居民的生活方式，地球长期的人类承载力大概是不到20亿人，但预计到2050年，地球上居住的估计有80至100亿人。

这种全球不可持续的观点呼吁快速的激进的行动，尽管规划的特点是渐进主义以及政治上的来回让步，土地开发则是由财务的风险规避为目标的。作为一名规划师、设计师、开发商以及牵涉其中的居民，你都站在这些争议的中心。对于想要在生态方面做正确事情的土地利用的专业人员，这本书提供了这样一些比较保守的理论基础：节约资金、增加利润、赢得选票、满足选民、提高生活质量以及保护人的生命和财产。在大多数情况下，这些原因中的一个或者多个将为生态因素纳入规划和设计项目中打下坚实的基础。在其他情况下，在某人的工作或者一生中，支持、追求、争取环境保护与可持续发展的决定最终是出于道德的，而这份决定是由一种不妨碍他人生活并能为自己和下一代保存大自然瑰丽遗产的决心所驱使的。

彩图1 这张照片拍摄于三周以前科罗拉多州。大火烧毁了10800英亩（4,400公顷）土地上的58座建筑，其中包括一些原来能够在这个平台上看到的房屋。消防员在距离这座房屋仅30英尺的地方成功阻止了大火的蔓延。照片中远处的山脊已经全部被毁了，而画面前部倒下的松树也被烧焦了。

彩图2 一只雄性的绿咬鹃（Pharomachrus mocinno）。绿咬鹃是判断一个生态系统是否良好的敏感指示物种，因为他们需要生活在连续的包含几种不同类型的森林之中。

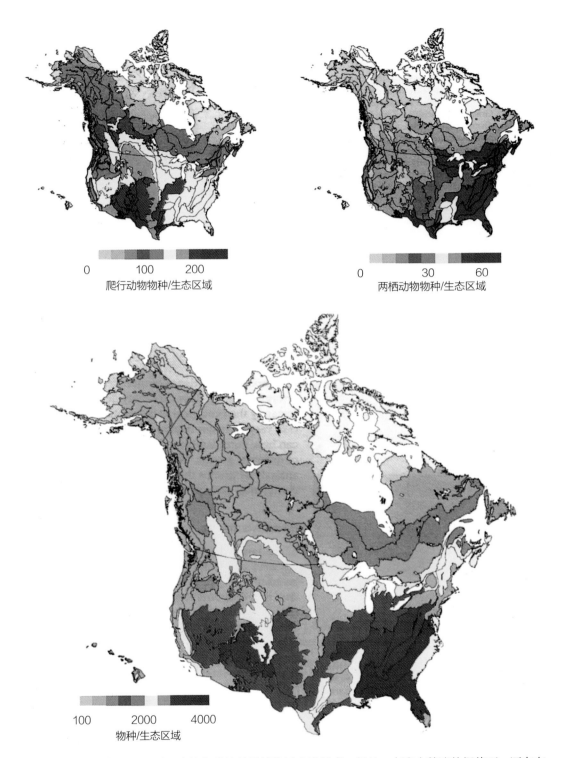

彩图3 在如北美的温带区域，本地物种的数量越接近赤道越多。但是，在这个普遍的规律下，还存在着可变性。举个例子，北美爬行动物的集中区域在西南部的沙漠，两栖动物相对丰富的地区在美国的东南部。（来源：Talor H. Ricketts et al., Terrestrial Ecoregions of North America: A Conservation Assessment [Washington, DC: Island Press, 1999].）

爬行动物物种/生态区域

0   30   60
两栖动物物种/生态区域

100   2000   4000
物种/生态区域

a

b

彩图4 沿着位于马萨诸塞州海恩尼斯的玛丽·邓恩池塘，其岸边生长的花朝不保夕。一些需要每年保持低水位才能形成生长栖息环境的品种（a图中前面的花）和油松被过高的水位侵害致死（b图中右边死掉的松树）。多年保持低水位或高水位会使池塘岸边的花灭绝。

彩图5　这张图片的角蝉和蚂蚁是互利共生的合作伙伴关系。角蝉吸收大量的植物汁液并传递给蚂蚁稀释过的含糖液体（看照片中间的液滴）。而蚂蚁反过来帮助角蝉抵御捕食者和寄生虫。

彩图6　黄石国家公园超过三分之一的面积被烧毁于1988年。在这张2000年拍摄的照片中，被烧的区域仍然十分明显。这些地方是由死树组成的浅色斑块。

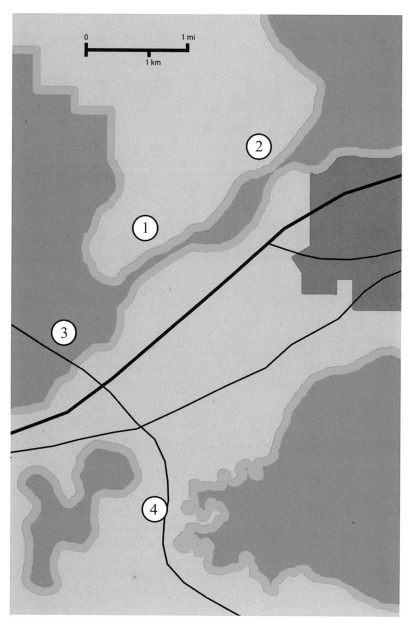

图例

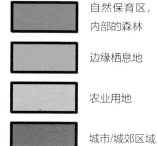

自然保育区，内部的森林

边缘栖息地

农业用地

城市/城郊区域

彩图7 不是所有保育区都是一样的。它们在大小、形状、连通性和内容方面各不相同。这张分析图通过在图中标号，展示出自然保育区的不同要素。（1）生态走廊通常有助于连接各个保育区（阅读第6章节更深入的研究）。（2）生态走廊的一部分可能会很狭窄，因此他们往往由栖息地的边界形成。（3）"丰满的"保育区的边界所占的比例相对较小。（4）与此同时，有"褶皱"的保育区，或比较扭曲的边界占有较大的比例。

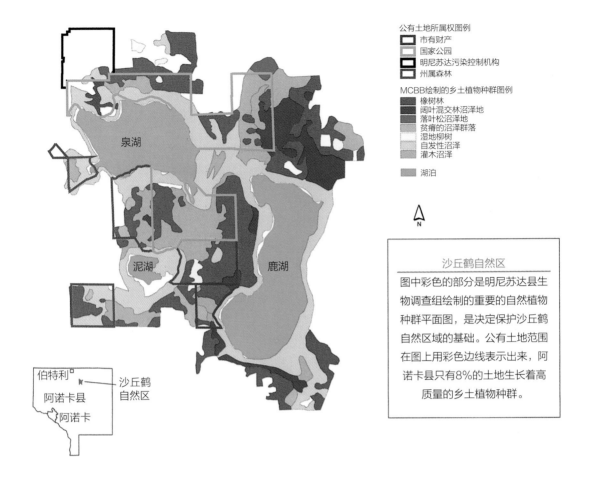

公有土地所属权图例
- 市有财产
- 国家公园
- 明尼苏达污染控制机构
- 州属森林

MCBB绘制的乡土植物种群图例
- 橡树林
- 阔叶混交林沼泽地
- 落叶松沼泽地
- 贫瘠的沼泽群落
- 湿地柳树
- 自发性沼泽
- 灌木沼泽
- 湖泊

泉湖

泥湖

鹿湖

伯特利
阿诺卡县
沙丘鹤自然区
阿诺卡

沙丘鹤自然区

图中彩色的部分是明尼苏达县生物调查组绘制的重要的自然植物种群平面图，是决定保护沙丘鹤自然区域的基础。公有土地范围在图上用彩色边线表示出来，阿诺卡县只有8%的土地生长着高质量的乡土植物种群。

彩图8 在明尼苏达州东贝塞尔的例子中，乡土植物种群信息和土地保护状况互相叠加，以帮助筛选出最佳的选址来建立保护沙丘鹤的自然保护区。这样的生态学分析是人和长期土地利用计划重要的一部分。（图片来自明尼苏达州自然资源部）

彩图9 这张图以简化的形式展示了波特兰2040年的区域规划。这个规划是一个长期的、大尺度的土地利用框架，与景观保护和开发计划（LCDP）很相似，在景观尺度上集中展示了各种类型的土地利用。乡村保护区大致符合LCDP要求的核心区和次级栖息地，资源用地符合集约发展用地。（平面图根据波特兰2040规划图重新绘制）

彩图10 通过场地内的集中开发和保护群落绿色印记上展示的土地，一个保护性方案（a）与标准方案（b）相比能够提供更多的生态价值。这两个场地的规划都包含相同的房屋用地数量，但是保护性方案包含更多的生态栖息地，为小溪的边界提供更好的保护，同时可以使支流在其中穿过。也在绿色印记上贡献了一个大范围的保护网络（c）。研究区域为c图中下方用黑色线突出出来的部分。

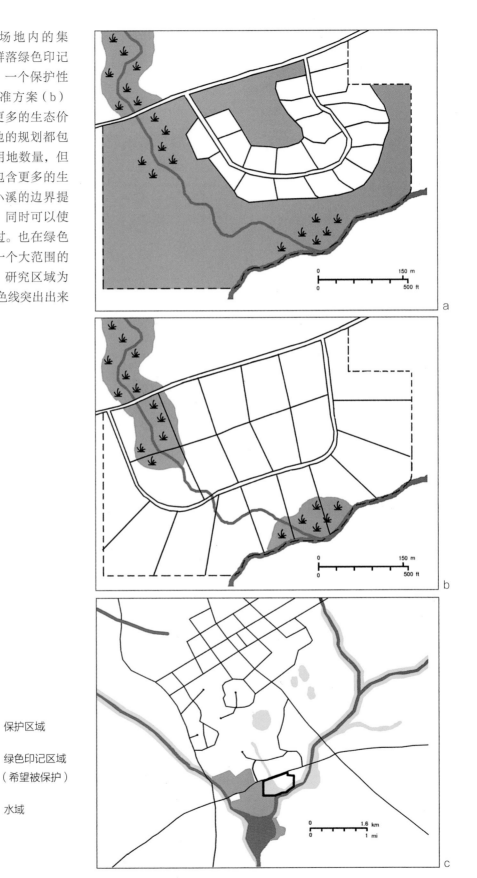

图例

保护区域

绿色印记区域
（希望被保护）

水域

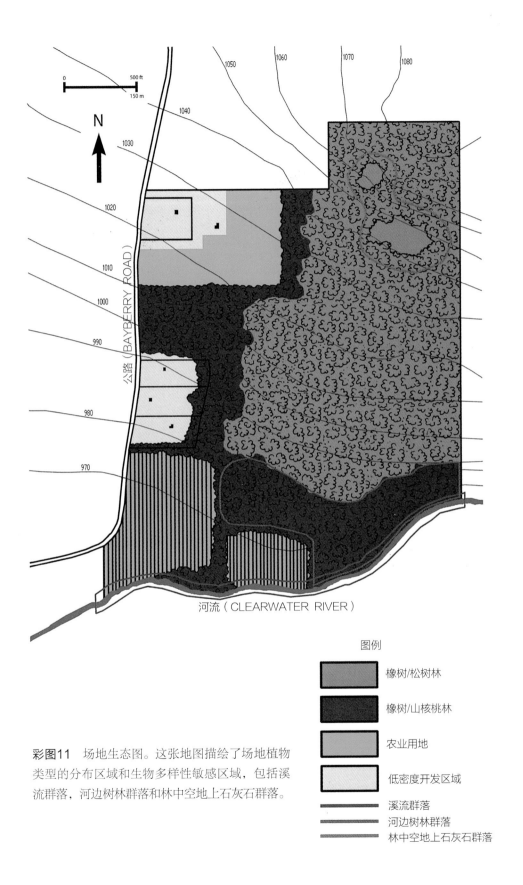

彩图11 场地生态图。这张地图描绘了场地植物类型的分布区域和生物多样性敏感区域，包括溪流群落，河边树林群落和林中空地上石灰石群落。

图例

橡树/松树林

橡树/山核桃林

农业用地

低密度开发区域

溪流群落

河边树林群落

林中空地上石灰石群落

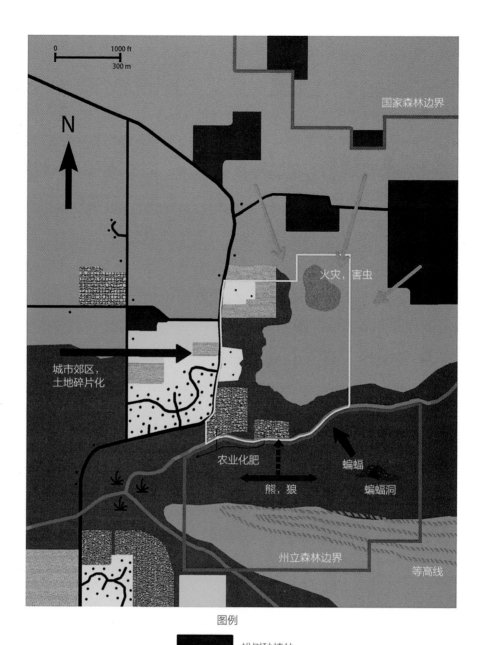

图例

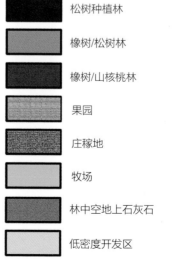

松树种植林

橡树/松树林

橡树/山核桃林

果园

庄稼地

牧场

林中空地上石灰石

低密度开发区

彩图12 生态环境图。这张图描绘了位于更大范围场地的生态和土地利用情况。场地用灰线标出。重要的外部要素包括周围土地利用情况和栖息地类型、是否存在生态廊道、野生动物迁徙模式和生态承载力。

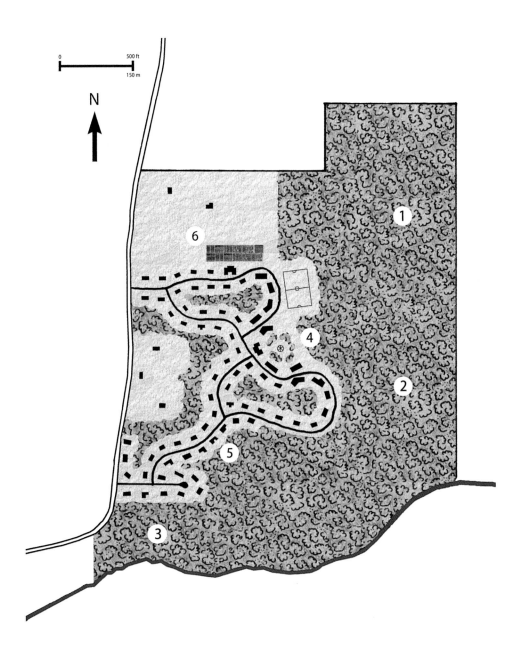

彩图13 农村聚落规划。基于生态学的设计包括与传统居住区有相同数量的居住单元（96个）：其中包括63座独栋住宅和11座三单元公寓。通过保护林中空地（图中1）和硬木林和橡树—松树林（图中2），同时在原有的农田上恢复硬木林，创造一个贯穿场地东西方向连续的滨河栖息地走廊（图中3）。这使得场地内大部分生态价值得以保留。在住宅周围布置了道路、活动场地和村庄公共绿地以作为保护屏障，将易燃的橡树—松树林与之隔离（图中4）。许多房子提供融合于自然中的后院（图中5），因此当地的食物很多是由社区绿地和被保护的协作果园提供的。

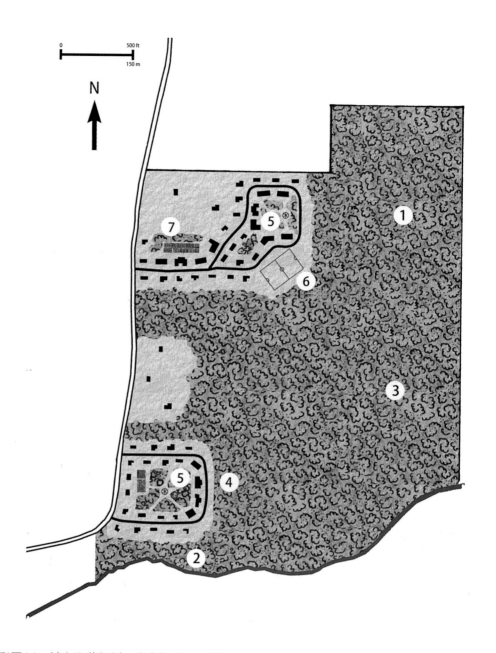

彩图14 村庄聚落规划。这个规划通过将开发用地布置在先前已经被破坏成农田的用地上，力求比农村聚落规划做到对生态的更多保护。这96个居住单元包括40座独栋住宅和56单元的四单元公寓。本方案中有价值的栖息地保护和恢复包括林中空地（图中1）、滨河地区（图中2）和高地上的硬木林和橡树—松树林（图中3）。就像在农村聚落规划（彩图13）中设计的，道路、活动场地和村庄公共绿地提供了防火屏障，将住宅与橡树—松树林隔离开。虽然开发用地上的居住密度比前两个方案高，但是居民可以很容易地融入大自然，同时也拥有了邻里开放空间，包括两个村庄公共绿地（图中5），一个活动场地（图中6）和一个社区花园（图中7）。

	严格生态栖息地		现状高密度开发区		针叶树林		农田&果园
	河流						牧场&草原
	道路		现状低密度开发区		杂木林		
	研究区域						
	山脊		湿地		落叶树林		
	保护区域边界线						

彩图15 当地生态图。这张图描绘了社区尺度研究范围内的地表覆盖区、保护区、严格生态栖息地、道路和溪流情况。

■■■	封闭式高速路	▨▨	高密度开发区	▨▨	主要林地
▨▨	其他主要高速路				
▨▨	河流与水库	▨▨	低密度开发区	■■	主要农田
▨▨	保护区域边界				

0   10 mi
10 km

N

国家森林

彩图16 区域环境图。这张图表现了人类社区与生态环境的关系。标记出的城市发展从东侧主要的城市开始扩散，紧邻大型国家森林。社区南侧穿插着森林和农田，使得保护区域之间的森林连续性受到限制。彩图15、17、18所展示的区域为红色方框内范围。

彩图17 自然灾害图。这张图定义了社区内易受到洪水、火灾、滑坡影响的区域和有大型食肉动物的区域。

图例：
河流
道路
镇域
保护区域边界
百年一遇洪水范围
山火灾害范围
野生食肉动物威胁范围
悬崖及滑坡灾害范围

0 1 mi
1 km

N

图例：

河流
道路
镇域

原有高密度开发区
原有高密度开发区
未来目标开发区/接受区

原有保护区
规划保护区
森林/农业保护区域/提供区

其他森林、农田和低密度开发区域

N
0   1 mi
1 km

彩图18 土地利用规划。这个社区规划实践成果展示了未来的土地利用情况。包括社区中生态最为敏感的区域被定义为保护开放空间（图中1），同时，村镇附近的小块场地供居民娱乐使用（图中2）；交通发展用来隔离自然森林（图中3），保护其他重要的栖息地（图中4）和保护高产的农田（图中5）；未来的开发用地位于围绕两个主要的城镇（图中6）和城外指定的发展区域（图中7）。

第 7 章

保护性规划

　　自然资源保护论者致力于在各种规模层面与不同的环境中，为了不同的目的保护本土物种与生态系统。狭义的保护规划一般是由特定团体制定，如美国自然保护协会（The Nature Conservancy）决定在何处建立新的自然保护区，又如美国鱼类及野生动物管理局（U.S. Fish and Wildlife Service）确定如何落实濒危物种保护法案。在这种语境下，保护规划的工作常以生物多样性的保护为唯一或者是最主要的目的。但随着人类对有限土地基础的需求不断增长，我们相信保护规划这一概念应当得到更广义的阐释，不仅仅包括对自然进行原初性保护，还包括将保护的价值观整合进曾经被人类影响或占用过的风景地貌中。这类非原始的风景地貌占北美洲土地的很大一部分，而土地利用专业人士则在对这类土地的保护规划工作中扮演着最主要的角色。在本章节以及随后的两个章节中，我们将对这种更为广义的保护规划工作进行全面的探讨。首先我们将从三个小短文开始，它们描述了自然资源保护论者与土地利用专业人士在保护与恢复风景地貌的尝试中所遇到的问题与机遇。

　　黄石-育空项目（Yellowstone to Yukon，Y2Y project）是现有覆盖面积最广阔的保护举措之一。黄石-育空项目开始于1993年，它将多个既存保护区相互连接，形成一张延伸达2000英里（约3200公里）、覆盖面积达46万平方英里（约120万平方公里）的自然保护区与缓冲区网络（图7-1）。许多组织，包括支持团体与

图7-1 黄石-育空项目是
将北美洲既存与规划的自
然保护区进行连接的一次
尝试。此地图上显示了项
目系统范围内的规划自然
保护区，可维持灰熊以及
其他物种种群的生存繁衍。

主流自然保护团体，都对黄石-育空项目起到了促进与支持的作用，甚至成为项目中了活跃的分子。黄石-育空项目意图对北美洲的各类生态系统进行保护，并与此同时对为灰熊（Ursus arctos horribilis）提供充足的栖息空间的工作尤为重视。为了达成这一目的，项目不仅仅要留出额外的自然保护区，还需要和五州、两省、两区的各类乡村土地所有者进行合作。考虑到所涉及区域之广，以及各地法律、习俗之差异和项目区域范围内前景，黄石-育空的创办者在各个层面上都倾向于将其视为一次"自下而上"的自然保护区整合项目，而不是一个单一的"自上而下"的项目。

　　离黄石国家公园几百英里处的南边，索科鲁螺（Pyrgulopsis neomexicana）

仅存的种群则作为一部分的私有财产存活了下来。全世界这种螺都生活在一片不足一平方米的暖水池中，以及与之相连的约2.5m长的出水渠中。美国鱼类与野生动物管理局在1994年通过了一份康复计划草案来拯救这种不足3mm长的小螺，草案呼吁与暖水池的所有者协商并制定一份栖息地管理计划。索科鲁螺那极小的栖息地完全位于私人的土地上，然而如果这片栖息地可以得到很好的保护，且额外数量的种群能在此片区域定居下来的话，这类极其濒危的物种将会有更大机会在未来得以存活。

在此西边，有南加州茂密的滨海鼠尾草灌丛。这种包含多样物种的植物群落是地球五大生态系统——地中海气候生态系统的一部分。这类植物群落常包括许多地方特有的植物种群，同时还有如史提芬更格卢鼠（Dipodomys stephensi）加州蚋莺（Polioptila californica）这些受到威胁或是濒危的生物物种与亚种。圣地亚哥多物种保护大纲（San Diego Multiple Species Conservation Program）与河岸郡县多物种栖息地保护计划（Multiple Species Habitat Conservation Plan of Riverside County）分别代表了两个影响深远的尝试，它们的制定意图去保护大量这类珍稀生态系统与它们的特有物种。为了达到这一目的，这些保护规划明确了不仅仅哪些土地应当予以保留以保护受到威胁的栖息地，还提出了可以对哪些土地进行开发以适应南加州日益增长的人口需求。考虑到这片区域的地价远高于黄石-育空其他区域的等面积地价，保护规划采用的是一系列的法律与财政上的措施，而不是对自然保护区土地进行直接收购。

不同类型的自然保护区与开放空间

如同先前的案例展示的那样，保护问题会在各个不同层面产生，而且产生环境明显不同。保护工作同样会随着对非保护问题与目标的整合而发生变化。例如，保护索科鲁螺可能需要总体上依靠一个明确的生物学策略来对这个细小种群进行基因资源管理，然而南加州栖息地的保护工作包含多个方面因素，如经济、社会、土地利用规划，还有来自主要大城市区域的政治考虑。在探讨保护规划机制之前，首先应当确立一个基本的自然区域类型学体系，大至严格自然保护区，小到小面积的城市开放空间，进行系统的规范区分。以下所列举的八个类别的区域类型，是按照原初性保护程度与保护力度由高到低排列的，越靠前的保护程度与力度越高，以此类推。

类型1：严格自然保护区与荒野地保护区

此类土地被留出以保护本土物种，并采用一种较为自然的保护体系，不受或仅受很少来自人类的干预。在保护生物学家与许多其他社会人士中普遍存在一种舆论，认为某些自然风景应当局限于最低程度上的人类干预使用，以保证其自然演替过程进展无阻。虽然某些区域可以承受低强度的游览活动，如观鸟和荒野徒步，但其他区域则应该禁止任何人入内，仅允许特殊场合的科学观测。如果这类区域面积足够大，且状况良好，它们或许能够在无人类干涉或极少的人类干涉下得以长久地存活发展。这类自然保护区的案例包括：美国国家森林（U.S. National Forests）中指定的荒野地区，在那里没有公路与游览设施，也没有任何资源开采活动；美国土地管理局（U.S. Bureau of Land Management）划定的自然研究区（Research Natural Areas），而此处是以最低限度的人类干预来进行管理。这些区域的划定，满足了栖息地保护的重大需求，同时为人类体验未受干预的自然提供了可能。虽然这类土地在生态学上来说还是相对完整，但是它们许多已经缺失了顶端掠食者，如美洲狮、狼、灰熊。

类型2：生物多样性积极管理保护区

此类区域与类型1的区域相比较，更多地受到来自土地管理者的干预，如对其进行操纵、恢复，或对特定物种与生态系统进行管理。这类得以保护本土生物多样性的风景地貌或许也可以兼容一些低强度的人类活动，如徒步旅行、观鸟与自然摄影。许多由政府机构和非营利保护组织管理的自然保护区都属于这个分类。

类型3：国家公园与遗迹

此类土地在生物多样性保护中频繁扮演着重要的角色，然而人类游览与教育同样是它们的重要任务。许多国家公园，如黄石国家公园（Yellow stone）和大烟山国家公园（Great Smoky Mountains）。它们作为庞大而具有良好缓冲作用的自然保护区，可以承担大型食肉动物与迁徙食草动物（有蹄四足食草哺乳动物）和许多其他物种的繁衍生存。这些公园同时也扮演着向公众展示自然承担着特别地质特征的使命，如约塞米蒂国家公园（Yosemite National Park），或者代表着独一无二的人造自然景观，如新墨西哥州的梅萨维德国家公园（Mesa Verde National Park）。在此类区域，生物多样性的保护也可成为一项重要职责，即便建立公园的本意不在此。

类型4：多用途管理区域

这类土地是真正意义上的多用途土地，它们被管理并用于生产（如伐木业、畜牧业与采矿业）、游赏、生物多样性保护。美国国家森林、州县森林、美国土地管理局管辖的土地都属于这个分类。虽然不同于前述分类，这类土地都经历过高强度的人类活动，它们在保护生物多样性与为严格自然保护区提供缓冲空间仍常扮演着重要的角色。

类型5：作业用土地

此类土地被用于满足人类需求，如经营林、军事基地、农场、草场、矿区等。它们常或多或少包含一些可供本土生物多样性繁衍的区域——如许多小规模农场、军事保护区或植林地。另一方面，大面积单一栽植的农场通常缺乏生物多样性保护的价值。而作业用的农场与森林常在保护地区风景中起到关键作用并备受社区团体的重视，因为它们有助于展现地区独有特色。

类型6：当地自然区域

当地自然区域就如一双舒适的旧鞋或故乡的一件毛衣，有很便捷的地方，供人遛狗、赏鸟鸣、观野花。大多数人一周又一周地通过这些区域来体验"自然"。多数情况下，由于受到较强的人类活动与邻近居住区的影响，这类土地并不能很好地保护当地生物多样性，也不是理想的生态研究场所。这个分类主要包括公共用地、非盈利甚至是私人用地如市镇森林、郊区绿道、本地土地信托和私人植林地等。

类型7：公园、学校场地、高尔夫球场、庭院与其他游憩空间

这一杂类的土地有的公有、有的私有，它们可供人们在树间进行散步、运动、野餐等活动。这类区域因人类活动而产生，并意在满足人们的游憩需求，因此在其上的存活生物多样性通常是偶然而成的。然而，如果能精心地设计与管理，这种土地也存在着创造重要栖息地价值的潜力。

类型8："偶发"城市与城郊开放空间

闲置空地、铁道、城市与城郊不可建设用地（如沼泽或岩脊）、甚至某些雨洪管理水塘，它们都代表着自然的缩影，并同时扮演着生物多样性保护与通往自然的途径的双重角色。虽然这类区域很少被特地用于保护生物多样性，且大多数都不太适合，但是由于它们周边多是些高度开发了的区域，因此其重要性在此得以凸显。正如那些更为自然的区域，这类空间也能为周边的居民创造游憩与教育的可能。

保护区功能 ● 主要功能 ◎ 次要功能 ○ 附带功能	荒野地区	生物多样性保护区	国家公园与遗迹	多用途管理区域	作业用土地	当地自然区域	公园与庭院	"偶发"城市空间
生物多样性保护功能								
大型、完好无损的生态系统	●	●	●/◎	◎				
稀有物种种群	●	●	●/◎	◎	○			
生物廊道与踏板	●	●	●/◎	◎	○	●		○
一般本土物种栖息地	◎	◎	◎	◎	◎	●	○	○
经济效用：生产与生态系统服务功能								
农业或自然资源生产				●	●			
流域保护、雨洪管理	●/◎/○	◎/○	○	◎	○	●/◎/○	○	○
非经济效用：游憩、教育与美学								
主动性游憩							●	○
被动性游憩	○	○	●	●	○	●	●/◎	○
荒野体验	●/◎	○	●	◎				
视域保护	○	○	●	○	◎/○	●/◎/○	◎/○	○

自然区域的价值与功能   表7-1

以上各类土地可清楚表明，自然区域由于各种原因被划分出来（有时同时存在着多种原因），并发挥着各类不同的作用。对于自然资源保护论者与土地利用专业人士来说，明确各个分类能发挥怎样的作用，与确定哪个分类最适合用来发挥这些作用，变得尤为重要。例如对养分变化比较敏感的湿地比用于游憩的闲置林地需要更多的缓冲，而用于动物迁徙的绿道则与用于骑行或步行的绿道大相径庭，必须采用完全不同的设计。不能弄清这类微妙的区别，将会造成保护经费的大量浪费，并难以达到保护的需求。表7-1展示了一个简单的矩阵，用来表明不同种类的自然区域所蕴含的在保护、经济、游憩等功能上的价值。由于自然保护区是基于特定的区位环境发生作用，这个表格并不一定准确，它更多是用来激发批判思维，来从各个动机上考虑自然保护。

此章剩余部分和第八章的大部分将从规划师与设计师的角度去讨论这八个自然区域分类的种种方面。以下章节会对自然保护区（分类1、2）进行探讨，并为土地利用专业人士提供在此类区域上的选址与设计指南。有关国家公园与多用途区域（分类3、4）的内容则会在此章结尾进行简要说明。第八章会讨论分类5~8：这些分类将更多地考虑各种人类需求与生态目标。

自然保护区的选择和设计

与保护科学的理论和实践的不断进步相反，选择和设计自然保护区依然是某种艺术，在这个话题上的思考仍旧在发展（图框7-1）。下面我们将为在不同尺度上创造或联系自然区域的规划者及设计者，提供在选择及设计自然保护区时可用的四个步骤。

第1步：创建一个保护资产、机会和威胁的清单

选择和设计保护区的第一步是识别自然中的在某一特定区域呈现的元素，这些元素是值得保护的。同时还需要识别他们威胁的方式。这个步骤在不论是寻找保护一个广泛的大型食肉动物群体（就像在黄石育空保护倡议项目中一样）还是在寻找保护一个栖息地范围相对小的单独的动物物种（像对索科罗泉水蜗牛一样）都同样适用。

在编写这一章的时候，我们收到了一份来自周杰（Jae Choe）——韩国最前沿的生态学家的电子邮件，在信的开头写道："我在准备一篇论文或者答辩来试图保护韩国的非军事区（DMZ）。因为韩国和朝鲜的统一可能意味着非军事区的结束。"为什么一个生态学家要担心韩国的非军事区？事实证明，在它建立的半个世纪以来，这个2.5×154英里（4×248km）的条带区域事实上成为一个自然保护区。是的，炮弹偶尔会进入或从它的上空飞过，地雷偶尔会爆炸，但总的来说这是一个

图框7-1
自然保护区的一段简要历史

　　皇室狩猎保护区以及禁止狩猎和果实采摘的宗教园林都属于早期人类预留出来不作开发的土地的一部分。狩猎保护区在中世纪的欧洲仍然非常普遍，尽管在许多狩猎保护区捕食者被狩猎到在本地灭绝。宗教丛林和其他宗教区域在非洲，北美洲和亚洲在这个世纪被文化因素搁置一旁。

　　土地保护的下一个大阶段开始于19世纪后期，伴随着保护"大地质"（Great Geology）和（较小程度上）"大野兽"（Great Beasts）。1864年，美国国会把约塞米蒂山谷（Yosemite Valley）交给加利福尼亚用作国家公园，1872年，国会创建了世界上第一个国家公园，黄石国家公园（图7-2）。国会规定公园应当"为所有木材，矿物沉积物，自然珍品或提到的公园中的奇观提供保护，远离伤害和掠夺，并保留它们的自然条件。"并且进一步，"专注并单独作为公共公园或为了人们的获益和娱乐的场地。"

　　在很大程度上，留出公园的动力是为了人们的欣赏保护自然地质奇观，而不

图7-2　1872年联邦声明建立黄石国家公园作为世界上第一个国家公园，规定公园为"人民的利益和愉快"而建立，就像在入口大门上题写的一样。

是保护生物多样性。根据国家公园管理局其他早期公园——比如约塞米蒂（加利福尼亚归还给了联邦政府），雷尼尔山（Mount Rainier），火山口湖和冰川——因为同样的原因被留出，而本土美国遗迹的保护是创建卡萨格兰德和梅萨维德的动力。然而增长的旅游贸易——和铁路公司的影响——也在早期公园建立中扮演了主要的角色。

野生动物保护也是一些早期北美洲公园一个主要的驱动力，并在20世纪早期变得愈发重要。根据约塞米蒂的转变期限，加利福尼亚当局必须"阻止恣意破坏在所提到保护区内的鱼类和猎物并阻止以买卖和获利为目的的捕获和破坏。"一个清晰的迹象表明，野生动物保护至少是保护约塞米蒂的目标的一部分。到了世纪之交，"大野兽"开始成为美国土地保护中更重要的角色，如下面的简要大事记所示。

1900　美国政府通过了雷斯法案，禁止州际运输非法捕获鸟类和哺乳动物。这一立法是对为女性帽子上的装饰而大规模对野生鸟类进行猎杀所作出的回应的一部分（图7-3）。

1903　西奥多罗斯福总统建立了第一个鸟类保护区，佛罗里达3英亩（1公顷）的鹈鹕岛。

1908　国会建立了国家野牛保护区（图7-4）。

图7-3　19世纪末期和20世纪初期，很多女人的帽子是用真正的鸟进行填充来作装饰的。鸟类的减少的结果导致了像奥杜邦协会这样组织的形成。这个来自蒙大纳的帽子上有来自新几内亚和东南亚的鸟类。

图7-4　1908年，随着西奥多罗斯福总统对近乎灭绝的野牛的关注逐渐增加，美国政府在西蒙大纳建立了国家野牛保护区。这个18500英亩（7500公顷）的保护区现在依旧存在，并由美国鱼类和野生动物管理局管理。

1912　　国会建立了国家麋鹿保护区。

1913　　国会通过了候鸟活动。

在1916年国家公园管理局法通过时，风景和野生动物都是官方公认的建立国家公园的原因，就像法案声明的一样：提到的公园、纪念碑和保护区等，目的是保护风景和自然历史事物和在那里的野生动物，并以相同的方式和相同的手段提供娱乐并不去损害子孙后代的娱乐。

在20世纪，自然保护工作持续增长并且更复杂，开始囊括了多个政府机构。然后到了20世纪中期，囊括了非营利保护组织。1940年，近乎200个由美国鱼类和野生动物管理局管理的保护区开始被称作"避难所"，在这里"打猎、诱捕、捕获、蓄意打扰和杀害鸟类和野生动物都是违法的"。然而，在接下来的30年，合法捕猎（尤其是针对水禽）在这些避难所和其他新建立的避难所内有所增加。

在20世纪70年代，政府和非营利组织都开始关注建立针对稀有物种栖息地的保护——不只是针对有魅力的大型动物（比如野牛）和狩猎目标（比如水禽）。从那时开始，美国鱼类和野生动物管理局和美国自然保育协会，仅这两个组织就建立了数以百计的保护区，分别保护稀少和濒危物种的栖息地。与过去大型的、关注地质的国家公园相反，许多这些保护区是为保护单独的稀有物种而建，很多保护区像对较小。

最近以来，保护组织开始关注更大的局面。不再只关注稀有物种，保护专家开始意识到有相对相同生态类型的大的区域也值得关注；如果我们不关心当前健康的生态系统，那么明天他们会变得非常差并且更难以保护，他们当中的许多物种可能需要更积极（也更昂贵）的保护。比如在1980年，美国国会通过了阿拉斯加国家利益土地保护法，其中增加了大于5300万英亩（2100万公顷）的土地，给国家野生动物保护区系统，用于建立9个新的保护区并扩大其他的7个保护区。在21世纪初期，自然保护协会开始组织了一个有野心的活动，来保护大型的、高质量的、相对相同的生态系统（所谓的生境纵横网）作为一种保护大量物种和栖息地的方法，从而使他们不会变的稀少。

50年来没有被开发的开放区域。

作为对周（Choe）的邮件的回复，我们想出了一系列问题。如图框7-2所示，作为一个框架可供土里利用专家用来总结、分析和评估生态资源和其在当地对自然的威胁。对于规划师和设计师，这些问题通常会在特定的项目背景下被问到；因此，这个"研究区域"可以是一个单独的地段，一组地段，一个城镇，国家或者其他政治或管辖下的实体。

保护总结和评估的数据来源

在图框7-2中展示的问题需要相当大数量的数据来回答，但规划师和设计师通常只有相当有限的资源去收集和解析生态信息。下面是一些造价低并且更常规的用来获得并分析生态数据的技术。附录B提供了一个可以找到大多数这些信息的来源的列表。

遥感。遥感数据（即航片和卫星图）与地理信息系统（GIS）配对，能够在适度花费下提供大量信息，是开始工作的一个很好的方面，尤其是当工作尺度大于独立的场地时。很多国家/省、地区和当地政府创建了地理信息系统数据层可供土地

图框7-2
规划自然保护区的问题

关于生态情况的问题

- 研究区域呈现出了怎样的栖息地和生态系统?

- 有什么样的重要本土物种出现——比如稀少的、重要的、保护作用的和主导的物种? 对于这些物种, 当地的种群能生育繁衍么?

- 它们是被孤立的么? 是更大种群的一部分, 还是集合种群的一部分? 有人口统计学的困难么? 什么样的纷扰和连续的过程影响着研究区域? 研究区域需要未来管理来达成保护目标么?

- 现在研究区域的生态条件怎么样? 早期这些生态系统看上去怎么样? 存在恢复的机会么?

关于人类影响和风景背景的问题

- 研究区域在空间上的生态背景是怎样的? 背景的关键方面包括相邻土地的利用, 附近的保护区域, 风景的联系性, 非生物流, 比如水和营养。

- 当前和未来的人类活动会怎样改变或影响研究区域的生态?

- 什么样的合法并调整的保护用来限制研究区域内的土地可以在现在或者未来使用?

利用专家免费或象征性地收费来使用, 并且数据可用性日益增加。最重要的数据层需要管理生态目录, 包括土地覆盖, 多样的水文层, 以及任何可以映射稀有栖息地和稀有或濒危物种事件的层。遥感也可以与土地评估配对来提供关于当地生态系统的"地面实况"数据。比如, 如果场地研究联系红腿蛙和雨林里的水塘, 这样其他的相同栖息地就可以被标记为潜在(即使不确定)的红腿蛙栖息地。

　　科学文献和机构数据记录。前人研究可能提供了关于你研究地块的非常好的信息。在美国, 出色的生物多样性信息可以在国家的自然遗产项目(最初通过自然保护协会和国家政府合办创立)找到, 然而在加拿大, 一个国家自然遗产信息中心和保护区数据中心的平行网络在省的水平下运行。国家、省和联邦野生动物部门, 当地土地信托，保护区组织和大学也可以成为出色的信息来源。

场地评价。由诸如生态学家和野生动物学家的专家们对场地进行的研究是获得生态数据的黄金标准。普遍的栖息地评估（例如栖息地特性类型，本土的普遍性对外来物种和总体上的"完整无缺"）通常可以相对快速地完成，但是研究独立物种的数量（比如那些易受美国濒危物种法案影响的物种）需要辛苦的工作。小型和中型地区的政府经常对这类研究只能提供有限的资源（如果有的话），但却能要求大面积或敏感地区的土地开发项目土地评估先行。这些场地的详细数据还能编入社区或区域尺度的生态目录。

当地的专家。几乎每个社区都有定居的当地生物专家，不论他们是专业的生态学家，政府员工，常驻的自然学家或是猎人。这些人是丰富的并且未被利用的资源，但规划师们在将规划基于人意见上时一定要谨慎，即便是见多识广的人。20世纪60年代，规划师甚至把特尔斐法运用到了采纳个人意见的过程中，用来减小因此产生的错误和偏差。就像委托者向特尔斐所祈求的神谕那样，规划者对专家们提出了一系列的问题。而专家们每次只能回答一个问题。在回答的答案的基础上进行第二轮的提问，这样直到回答合并成大概一致的主题。北卡罗来纳州的专家最近用这种方法为一个栖息地的规划项目来识别重点物种。人们可以通过想象很多其他的这种技术在生物多样性保护规划的应用，比如识别一个地区决定性的栖息地联系或一个场地的恢复目标。

生物学评价社区。获取并不昂贵的特定于场所的生态信息，要调动社会成员来引导生物的名录并进行不间断的追踪。生态学家发展了一些"快速评价"草案来鼓励市民参与生态评估。比如，在美国新墨西哥州的一个项目，用12个条件可让非专家（包括高中生）在一个小时内只需要用卷尺、纱窗和手表完成的评价条件检查了河边的生态系统。除了提供有价值的数据以外，社区为本的生物学评价方法可以增加公众对保护区建设的参与和支持。

第2步：选择保护目标

一旦保护名录完成，下一步是选择目标或保护目标——那些在生物多样性和生态系统中所起到的作用被认为是重要、最值得去保护的成分。由于不同的目标会导致不同的保护结果，规划师和设计师清晰地知道自己的目标则尤为重要。否则，新建立的保护区可能不会满足所需要的功能。

保护区生物学家迈克尔·苏尔（Michael Soule）和丹·森博洛夫（Dan Simberloff）确定了3种主要的自然资源保护者在建立自然保护区时可能会有的目标类型。

- 维持生态系统功能，例如分水岭保护和洪水控制（就像我们看到在第一章内纽约水供给的例子）；
- 总体上通过保护栖息地和生态系统来保护生物多样性；
- 保护特殊的物种或种群——通常是"一流"的物种，比如有魅力的哺乳动物或鸟类，但也有不那么主要的物种。

生态保护者通常会建议要从多个保护名录中挑选保护目录，因为这样可以有效地提高那些重要的生物多样性得到保护的几率。例如，就像我们在第5章看到的，如果物种需要的生态关系和自然条件缺失，那将资源用在保护濒危物种上可能会无效。另一方面，只关注生态保护可能意味着有特殊需要的濒危物种没有被适应。

第3步：识别保护地点并建立保护网络

一旦保护目标被选中，下一步是在研究区域的众多候选场地中识别可能保护这些目标的场地。候选场地经常被列入现有土地利用模式，土地所属，政治和经济因素而大大缩小范围。在很多案例中，关于在哪建立自然保护区并没有一个绝对正确的答案，但在其他情况中，自然保护区适合的场地就只有一个或不多的几个。例如，北加利福尼亚的碧玉岭（Jasper Ridge）生物保护区包含一种稀有的草原类型，这种类型只能在蛇纹岩土（一种受地域限制的土壤类型）上找到，还有在夏威夷（Hawaii）毛伊岛（Maui）的哈雷阿卡拉火山（Haleakala Volcano）是夏威夷银剑菊生长的唯一地点。其他的场地不能满足这样的需求。在这个范围的另一端，公园建立在某种程度上是让人们接触到常见的物种，比如很多小型哺乳动物、鸟类、野花。这种类型的开放空间，几乎可以在任何普通的自然条件或风景地建立。大多数自然保护区在这样的极端中存在：尽管他们不能在任意的地点设置，但他们很可能是在很多大致相当的地点中选择的。

当在区域或风景（或在区域背景中选择最佳的一个保护地）中设计保护网络

时，两个主要的规则可以有所帮助。第一，补充性的原则要求我们应选择多种不同的区域，这样的话在这些相对局限的保护区内可以保护更多的物种及栖息地。第二，不可替代性原则赋予了包含极其稀有或特殊的原生生态系统的场地极高的价值，因为它们一旦遭到破坏或退化就很难在其他地方重建的。

一个可以提供给从业者，关于如何从一组候选场地中选择自然保护区指导的技术叫作缺口分析。这个方法利用地理信息系统技术，收集关于潜在或已有范围内的多种物种，并对比信息和当前自然保护区的位置。规划师可以建议在现有保护区之外的——即保护"缺口"，有大量物种（尤其是稀有物种）的地方建立保护区。美国地质调查局的生物资源分布，最近在进行覆盖美国的主要缺口分析项目，它的数据可以下载。

第4步：设计一个有效的自然保护区

最后一步——保护区设计——不仅包括在哪建立保护区，还包括确定它的大小、形状、边界性质和与其他风景特质的联系。像盖里·麦飞（Gary Maffe）和罗纳尔·卡罗尔（C. Ronald Carroll）在他们的著作保护生物学的原则中指出的，"'保护区设计'的说法实际上用词不当，"因为自然资源保护者很少有机会实际地设计一个保护区；相反，他们也许可以在已被其他人类需求大大缩小的土地范围内做选择。但即使"设计"保护区在一些情况下可以更灵活，但是指导法则在全部案例中都适用。这个讨论建立在第4、5、6章中呈现的概念上，但是关注在应用生态学法则来建立更有效的保护区。

保护区的大小

保护区生物学家经常建议保护区要尽可能大，并且与其他保护区相联系，详见第6章讨论的原因。

- 其他条件相同时，大型自然保护区和那些相互靠近的保护区都能相对于小型、孤立的保护区包含更多的物种；
- 大的保护区可以支撑更大数量的捕食者和大型食草动物，与小型保护区相比，他们可以让保护区成为更好的本土生态系统的范本；
- 大的保护区可以提供更大比例的内部栖息地而不是边缘栖息地，因此可以更好地保护稀少和濒危的内部物种；

- 大的保护区可以支持更大数量的给定物种，有助于避免数量太少带来的问题。

另外，大的保护区相比于小的保护区可以更好地适应灾难，比如大型火灾和飓风。这样的干扰是大多数地区生态环境的正常现象，并且它们在重置演替过程中扮演了重要的角色（像第4章中描述的一样）。但是倘若这些自然灾害中的任意一个影响范围覆盖了整个保护区，它将严重危害所有不能承受这种干扰或它所带来的栖息地的变化的物种。例如，1988年黄石国家公园的火灾烧掉了大概公园的36%，即793,000英亩（321,000公顷）（彩图6）。因为在美国和加拿大只有11%的国家保护区大于25万英亩（10万公顷），大多数北美的保护区将被这样的大火烧尽，对火灾敏感的物种没有庇护所。

这个例子揭示了在设计自然保护区时考虑干扰和演替过程的重要性。自然资源保护者经常建议至少要有最小动态区——最小动态区是指能始终承载着所有演替阶段以及在该阶段生存的物种的区域，并且能随着时间的推移持续反映这片区域的变化。最小动态区面积依据生态不同变化很大，但通常是最大的干扰会影响生态系统（例如火灾，飓风或爆发病虫害）面积的几倍大。尽管规划师和设计师经常工作的尺度比这类小，但概念是相关的。比如，一个设计师选择在200英亩（80公顷）的发展地块中设置一个15英亩（80公顷）的保护区，他可能会意识到区域内25公顷成熟的森林会更易于被飓风毁坏，但25英亩的蜿蜒的林间空地不容易被自然过程完全毁灭。知道了这点，设计师可能会选择林间空地作为更好的长期保护投资。

虽然大的保护区明显比小的保护区有更多的优势，在一些情况下小的保护区能够作为一个替代品，或是补充大的保护区。首先，不是所有的地区都有可以作为保护区的大的区域，并且在一些情况下，小的保护区符合一个地区特定物种或一小片稀有栖息地（像碧玉岭生物保护区的例子一样）的需求。另外，一系列小型保护区会有扩散化疾病或干扰所带来的损失的风险，尤其是当这些保护区中没在一个能大到容纳最小动态区的时候。

确定保护特定物种的保护区合适的大小的一个方法是考虑合适的栖息地总量来支撑该物种的最小可生存种群（MVP）。像在第5章中描述的一样，小的种群更容易面对多样人口统计学和基因学的问题，这些问题会增加他们灭绝的风险。种群的生存能力分析试图确定特定物种的种群大小来防止他们被这些情况压垮的问题。最小可生存种群通常定义为种群所需的独立个体的数量，从而有特定的可能性存活特定的年数；例如，在一个定义下，一个种群需要有95%的可能性存活100年才被认为是有生存能力的。当设计一个特定目标物种的保护区或保护区网络时，值得使用这样的分析来判定是否保护区确实保护了一个能够长期存活的种群。如果保护区保护的种群会在几十年后在当地灭绝，那就浪费了稀有的保护资源。现在还没有比较实用的关于最小可生存种群的指导，尽管它与以下两种种群很相似：1）有数百个个体的种群且其中有来自其他种群的移民；2）有数千个个体但没有来自其他种群的移民。

隔离和走廊

尽管保护区生物学家通常尽可能让保护区面积大些，像之前的人类土地利用和高昂的代价的限制经常会阻碍大的保护区的建立。但是，特有的大的地区可能需要保持很多方面的生物多样性，比如完整的森林生态系统和水文网络；大型动物，广泛的哺乳动物的种群；在这片区域上低密度存在的能够存活的其他植物和动物物种的种群。尤其是很多种重要物种，比如狼、熊、狼獾、野牛、麋鹿和驯鹿，需要大量的栖息地，一个不能包含本土重要物种的面积不够大的保护区，可能会因为这些物种的本土灭绝而大大地改变。

为了在不够大的自然保护区内帮助这些物种存活并保持生态系统的健康，自然资源保护者和土地利用专家必须特别关注减少保护区的隔离性。在保护区之间建立自然栖息地的廊道是一种降低隔离性（像第6章中讨论的一样）的重要的方法，这种方法在20世纪80年代中期被大量使用。因为自然资源保护者参照了大量的像"廊道"的实体，不同人参照不同类型的"廊道"时很容易产生混淆。表7-2和图7-5描述了大量廊道的景观特性。记住第6章讨论的警告，土地利用专家应该在他们的土地保护计划中考虑协调廊道，来最大化种群在整个景观中相互影响的能力并保持在未来的可存活性。

保护区形状

保护区的形态对于其运作预定功能的能力有着不可思议的巨大影响。保护区形状最重要的方面是边缘和内部栖息地的相对比例，因为在生物多样性保护的角度上（就像在第6章内讨论的一样），边缘栖息地相对于内部栖息地大体上只能提供不良的栖息地。根据被大众接受的智慧，"丰满"的栖息地——那些周边有高比例面积的——在长期来看比细长的栖息地和边界凹凸的栖息地更有效，因为它们有最多的内部栖息地和最少的边界栖息地（彩图7）。大的保护区相对于小的保护区来说也有更多的内部栖息地。

生境走廊的种类 表7-2

走廊的种类和类型	功能和效益
带状原生生境，如绿篱和绿道，连接生境斑块	这些走廊使动物能在生境斑块之间移动，同时是许多生物学家用这个词时所指的本质
沿窄长景观要素的条状生境，如河流、山脊线或道路用地	虽然这些"走廊"不一定连接大型生境斑块，但他们可以保护重要的栖息地
迁徙鸟类的一系列的垫脚石避难所	这些可能是为鸟类和其他动物迁徙的真正的运动走廊来说的一个有用的选择
可以让动物穿越景观的公路下的地下隧道（或跨越公路的桥梁）	这些联系可以帮助防止动物的道路致死事故并保持种群基因联系
大城市走廊，实质上是大型矩形的自然保护区	走廊宽到足以包含大型食肉动物的活动范围—宽至14英里（22公里）—可以在大规模的保护中起作用，如黄石到育空地区保护计划（Y2Y initiative）

资料来源：基于丹尼尔·森博洛夫（Daniel Simberloff）等人。"Movement Corridors: Conservation Bargains or Poor Investment?" Conservation Biology 6（1992）：493-504.

Gary K.Meffe, C.Ronald Carroll, and contributors, Principles of Conservation Biology, 2nd ed.（Sunderland, MA：Sinauer, 1997）, p.326.

小型局部重要保护区和大型国家重要保护区

尽管规划者和设计师很少呼吁创造新的国家公园或国家森林（自然区域分类3和4），这些保护区仍然是土地利用专家研究的非常重要的社区。许多地区，特别是北美西部，有相当大面积的区域用于各种类型的公园和公有制的多用途土地。

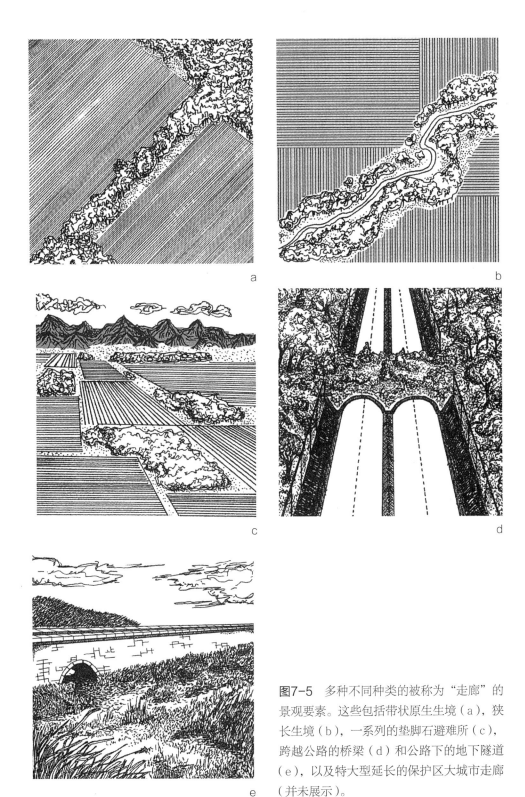

图7-5　多种不同种类的被称为"走廊"的景观要素。这些包括带状原生生境（a），狭长生境（b），一系列的垫脚石避难所（c），跨越公路的桥梁（d）和公路下的地下隧道（e），以及特大型延长的保护区大城市走廊（并未展示）。

　　如同我们在这本书中强调的，知道什么是近期规划区域的边缘，以此来识别潜在的威胁和潜在利益是十分关键的。公有土地可能会给规划者提供机会，在其管辖范围内联系附近更大的保护区，从而有助于保护生物多样性。

第8章

邻里空间中的自然

在这本书中，我们已经讨论了大型、完整的原生生态系统对于生物多样性保护的重要性。大片的荒野地区也对人类有特殊的重要性，美国公众强烈支持保护偏远大陆的荒野地区，即使绝大多数人口永远不会去到那些地方。虽然大片荒地是至关重要的，但是它们还不足以满足北美所有的保育需求；由于大型的保护区只占自然的一小部分，如果我们要在全方位地保护自然，我们还必须注意城市、郊区、农场、森林和其他管理土地的保护价值。并且大型荒地并不能给北美的绝大多数生活在距离例如黄石公园或者加拿大的伍德布法罗国家公园（Wood Buffalo National Park）这样的特大公园数百英里的人口提供接近自然的机会。

对于大多数工作中的北美规划师和设计师来说，自然指的是在日常生活中靠近我们家园的较小的自然和半自然的地区。这些是在第7章自然土地分类中类别5~8的自然土地类型：城市工作用地、原生生态区域、公园和娱乐场所，及城市和郊区的开放空间。在本章中，我们将探讨这些原生生态和原生半生态的区域，首先讨论它们提供的价值和功能，然后考虑土地利用专业人员如何提高这些区域的规划和设计。最后我们通过回顾人类和自然的成本和效益，提出方法通过临近的自然系统来减少对人类社会的危害来结束这一章。

原生生态区域的价值和功能

原生生态区域可以给本地物种和生态系统提供重要的保护价值，甚至在一个城市或郊区的背景。人类也同样能从这些土地享受到经济和非经济利益，如下所述。

保护原生的生态环境：在普通地方保护

虽然大型公园是保护生物多样性的某些元素的关键，如大型食肉动物，不过地球上的大多数物种是可以在自然生境的小型斑块中很好生存的小动物、植物、真菌和微生物。昆虫类、蛛形类、小型脊椎动物和草本植物，只要有合适的生境，在短短的几英亩或几公顷也会有可以达到人口规模的长期的生存能力。然而，在大城市或农业地区，人类的活动破坏的可能正是这些对于生物体来说很重要的小型斑块生境。

湿地是这种现象的一个特别有力的例子。在1780年至1980年之间，美国本土损失了超过一半的湿地，在加州、伊利诺伊州、印第安纳州、爱荷华州、肯塔基州、密苏里州和俄亥俄州都损失了超过80%的原生湿地。仅佛罗里达州就已经失去了超过900万英亩（约400万公顷）的湿地。许多物种的部分或全部生命周期需要湿地生境，所以如果生物多样性是在人类主导景观下得以保护的，那么保护这些斑块生境是至关重要的。例如，在佛罗里达益康拉克哈赤河流域（Econlockhatchee River Basin）观察到的214种脊椎动物中的154种（72%）必须在湿地环境中才能完成它们的生命周期。同样，还有其他的生物物种也有他们赖以生存的独特小型斑块生境，如酸性土壤、碱性土壤或蛇纹岩土。为了保护这些生物，有必要保护它们依赖的特殊生境。

对于利用更常见的生境的物种，如森林、草原和灌丛，它们在城市化景观中的生存能力和可用的生境斑块的大小密切相关。在这里，我们在后面讨论的物种与面积的关系的概念变得重要。表8-1显示了所观察到不同大小城市生境斑块和不同群体的动物物种多样性的关系。

对于在城市景观中的生境斑块样品物种与面积关系

不同大小斑块生境的物种数量　　　　　　　　　　　　表8-1

斑块大小 （英亩）	林地鸟类 （马萨诸塞州）	林地鸟类 （捷克斯洛伐克）	丛林鸟类 （加利福尼亚州）	陆地脊椎动物 （捷克斯洛伐克）
2.5	没有数据	6	2	9
5	24	14	3	14
10	27	21	3	21
20	31	29	4	33
40	36	36	5	51
104	43	46	6	95

资料来源：基于洛厄尔 W. 亚当斯（Lowell W. Adams）和路易斯 E. 达夫（Louise E. Dove），在城市环境中野生动物保护区和走廊（马里兰州哥伦比亚市：全国城市野生动物研究所，1989），p15，表1。本表中的数据来源于五个不同的研究，每个研究都调查了在某一区域内或更多区域内的不同尺度的斑块生境与物种数量的比较。

　　显然，重要的是目前在斑块生境的物种种类，不仅仅是数量。在这里，大小也同样重要。例如，在面积小于约十二英亩（5公顷）的斑块中，鸟类生境的物种可能主要或完全是广生性物种，如檀鸟、鹪鹩、猫鹊、知更鸟、黑鸟等。当斑块大小约为15~25英亩（6~10公顷）时，除了森林的边缘的敏感地带，森林内部则会出现一些新的鸟类、包括候鸟、食虫鸟、灶鸟、画眉，以及不同种类的莺、绿鹃、霸鹟。但有些品种需要更大的斑块（高达几百亩或公顷），研究显示，在西雅图的公园约100亩城市林地（40公顷）可以支持鸟类生存，同样地在更大的农村保护区也可以，只要保持原生林植被。大小不是影响本地物种生存能力的城市生境的唯一因素；连通性、人为干扰、植被管理也是很关键的，正如我们在本章后面的讨论。

　　残存的生境斑块在城市地区尤其重要，因为他们是许多物种在特定地区最后的避难所。其中有些生境斑块出现在一些奇怪的地方，如墓地。例如马萨诸塞州剑桥市的奥本山公墓（Mt. Auburn Cemetery），是观鸟者最钟爱的一个地方，那里已经观察到超过200种鸟类，其中包括许多迁徙物种。这并不是巧合：在19世纪，公墓的业主和设计师有意种植的乔木和灌木，他们知道这会为各种各样的鸟类提供食物和遮盖物。同样，在大城市如纽约、费城和华盛顿，沼泽地和湿地在海鸟迁徙与水禽驻足上扮演着重要的角色。

甚至许多稀有物种可以在大都市生存。例如，纽约市的公园和娱乐部门已经建立了一个成功的珍稀植物的繁殖计划。在全市创建一个珍稀植物和国家级植物保护库之后，工人利用当地种子资源和扦插技术繁殖了一系列品种。这些幼苗被用来恢复稀有植物和扩充当前城市濒临灭绝的种群。

除了那些生存在城市和郊区中残存的生境斑块中的物种，有些物种已经通常用巧妙的方式学会了适应甚至在建筑物、城市公园、屋顶花园以及郊区后院中茁壮成长。隼（Falco peregrinus），在20世纪中叶由于杀虫剂DDT的使用后在北美几乎灭绝，在几组猛禽专家包括游隼基金（The Peregrine Fund）的帮助下，已经成功回归人们的视线。这些高效的肉食动物现已定居在许多城市，在摩天大楼上筑巢。2002年，在纽约市的十几个鸟巢中有23只游隼羽毛丰满，展翅高飞，整个市区充满了观鸟者的乐趣（和鸽子的沮丧）。

当地的经济发展和生产自给自足

以土地为基础的产业，如农业、林业以及户外休闲，是许多地方经济的重要组成部分，即使在主要的大城市。美国农田信托（The American Farmland Trust）估计，美国86%的农产品和63%的乳制品是在城市影响区域内生产的。这些行业对经济的影响不仅仅是农业和林业的就业和直接收入，还有支持经济发展的经济价值和吸引游客。在这些情况下，私有财产所有者通过保持自己的土地不开发对公共利益有着重要贡献。

在今天的全球化经济中，人们常常忘记的本地自给自足的好处，从生态的角度来看，消费品的本地自给自足可以有效抑制温室气体的排放，而全球化下的快递会将食物、木材或其他产品运送至千英里之外，这将对环境造成损害。当地的森林和农场，其中许多是由很了解自己土地的小土地所有者拥有和管理，他们提供当地种植的水果、蔬菜和森林产品，往往比从远处提供的农业或林业产品更可持续。然而，这些土地处于危险中：当城市的发展由城市中心向郊区扩展，就会造成农田的侵占。美国每年会失去超过一百万英亩（40万公顷）的农田，造成的损失集中在生产区域，如加州中央谷。

土地生产和消费本地产品也让我们更加意识到我们的资源利用决策的影响。当

图8-1　当地的土地可以提供有用的资源，包括木柴、木材和生产。柴堆的木材由布莱恩·多纳休（Brian Donahue）砍伐和堆放，他写了很多关于支持和使用当地森林和农场重要性的文章。

我们使用本地出产的木材，我们看到它生长的森林，并领会到砍伐这个树木可能对本地生态系统的影响。但我们也明白，使用一个在附近快速增长的次生林的树木，减少了砍伐整个国家乃至世界生物多样化的原生林的树木的压力（图8-1）。几乎所有对于自然资源的使用都会影响"全球生态系统"的生物多样性、森林、海洋或大气，人类往往可以减少这些影响，当他们更直接地了解，更局部地看到。

在小地方自然的力量

许多土地利用专家力求规划和设计自然，并且通过提供美丽、宁静、休闲的机会来建设不仅满足人类需求，还能增加当地"生活质量"的环境。这些目标越来越关注市区内居民和农村居民，他们认为自然区域是自己家乡的重要组成部分。这是一个来自马萨诸塞州牛顿市已故的居民伊丽莎白·麦金农（Elizabeth McKinnon）的观点，摘自一封她写给市政府官员说服他们购买一块森林的信：

对于一些人来说最好的娱乐便是在安静的树林中散步；在山上的松林里午餐，与朋友或孩子坐在未被人发现的厚厚的松针床上；聆听鸟儿和松树的叫声，却没有城市的噪音；看到一只兔子跑着穿过一片空地但没有建筑物、机器或汽车；或在小溪旁捡起紫色和白色的紫罗兰；或观察在沼泽里的蕨类植物在春天紧凑的小卷叶长成了4英尺的叶片；或穿越由几代男孩玩印第安人游戏时踩出的树林中狭窄的路网；或尽可能多地捡起各种野花来为母亲做一束花束；或在树林深处的小溪旁偶遇一片在6月全部盛开的野生荷包牡丹；或看一个孩子，在他4岁的时候害怕树林，在他7岁的时候会跑过来告诉你他在这片原野里见到的所有奇妙的事情，似乎这片原野对于他来说像黄石公园一样丰富无边。

麦金农描写的地方是冷泉公园（Cold Spring Park），一个牛顿市的社区公园和自然区域，面积67英亩（27公顷）。你的社区中也可能有一个像冷泉公园的公园：有森林或草原的地方，步行和慢跑小径，足球和棒球场地，几个网球和篮球场。生物学角度来讲，冷泉公园并不特殊；它包含一个合理的地方物种样品——一个当地博物学家在公园里记录了超过120种鸟类，但它不是一个本地生物多样性的安全港，也不包含我们的知识中的任何稀有或濒危物种。

但是如果我们考虑它对住在附近的儿童和成人的生活起到的作用，冷泉公园变得非常重要。像这样的小地方是大多数北美人在其成长时期和成年时期所经历的"自然"（图8-2）。即使对于那些有幸参观像是黄石公园或者大峡谷的人，也没有什么能够取代其在自家附近很容易就能接近自然的机会，尤其是在其童年时代。孩子能够探索自己所在社区的小片树林或小块草地或池塘，发展对其家园地区土地和景观的联系，这些将伴随他们一生。他们学习自然的兴衰、生命和死亡的周期，他们明白自然是在不受人类强加的境况下有秩序且动态的。他们通过看鸟儿、收集秋天的落叶、看着放大镜下的昆虫，或者仅仅吸入春天森林清新的味道来感受惊奇并获得愉悦感。他们了解自己作为庞大物种群中渺小的一员在这个星球上所处的位置，每个物种都想以自己独特的方式生存。

这样的经历不仅大大丰富了我们的生活，还帮助培养一代又一代关心保护大自然的人。保护生物学家弗朗西斯·帕茨（Frances Putz）写了一篇名为"保护生物学家的温床"的文章，来描述他临近的自然区域在引导他走向保护的一生中的作

图8-2　小型的、当地的自然区域往往是孩子与大自然的主要连接方式。

用。作为一名生物学家，他承认他在新泽西近郊的2.5英亩（1公顷）的小片森林没有真正的保护价值——除了帮助他走向他的职业保护生物学家。每个领域的生物学家和保育人士可能会说出同样的话：每人在他（她）的童年附近都有一块可以探索的自然。另一方面，在成长过程中没有那么多绿树环绕的环境可以探索的人，可能会错失其个人发展中的一个重要部分。那些与自然隔绝的人不会理解自然的需求，也不会理解他们自己需要一个健康的生态环境的需求。如果人们认为食物来自超市，木材来自储木场，动物住在动物园——我们怎么会关心保护狼獾和猞猁的自然栖息地，又怎么会清理我们的河口，恢复我们的河流、湿地和草原以及保护我们的森林？全球气候变暖对于他们来说，除了更多的空调费用和更少的取暖费用以外还有其他意义吗？

　　有些人可能会问，大自然在我们社会的重要性，是否只是一个在发达国家富裕人口的奢侈品，是一个在实现了经济及社会需求之后才被考虑的东西。相反，我们会认为接近自然和人类福祉密不可分。马达夫·加吉尔（Madhav Gadgil），印度的生态学家，他认为印度每个村庄的每个孩子都应该有机会体验小型的荒野——这应该是一个国家的优先事项。加吉尔博士很清楚他的国家的经济和社会需求，但他强烈地相信大自然对于儿童、富人或穷人健康发展的重要性。

对我们而言社区是离我们更近的区域，社区的自然环境可以帮助我们缓解物质生活中的种种心理压力，让我们心情平静安宁。心理学家彼得·卡恩（Peter Kahn Jr.），他研究儿童和他们的父母的自然观，引用来自休斯敦市内的家长的话："我认为阿拉巴马[街道]很美丽的一部分就是树木，但是他们砍伐了所有的树木。当我每次走那条路的时候都很伤心，我没有意识到我的儿子也已经注意到这点。"对于规划师和设计师，改善生活质量不应只是提供更好的道路、更好的学校和更安全的社区，还应该让我们与自然环境保持亲密，因为自然环境不仅可以让我们放松身心，还能给我们无穷的知识。

当地开放空间的规划设计

城市和郊区的自然及半自然土地大多数是复合利用的土地，为植物、动物以及人类提供一定程度的公共设施。这些土地的规划利用和管理很大程度上影响着它们的本土生物多样性。自然植被斑块的大小和形态、植物群落的结构、水文条件的综合特性、演替和干扰的管理等因素很关键，并且通常都在规划师、设计师和开发者的权限范围内。本节为土地利用人员提供了解决这些因素来提升新的和现有的开发、公共和私人空间以及整个社区生态兼容性的具体建议。

工作的土地

工作的土地（第7章中提到的自然地区类型学的第五级）由于他们栖息地价值的不同而导致不同等级的区别：从很小的区别（如单一农场）到适中（如一些多元化的农场和有机农场，以及生产森林）再到很大区别（如一些牧场和低强度管理的森林）。在农业区域，保留的灌木篱、河岸走廊和人造林能大大增加本土物种栖息地景观；这样对于鸟类保护尤为重要，因为小片的自然栖息地可能允许物种迁徙，遍历密集耕种的区域，例如中西部大平原。通过经济方式鼓励农民保留自然区域，通过一些积极的举措，例如美国农业部的保护储备计划（支付给农民一些钱让他们不要耕种敏感土地）还有教育和外联工作。小的生境片段和"垫脚石"在农业景观中与正式自然保护区内更大的栖息地斑块连接很重要。

在林地规划中，在第4章到第6章中提到干扰、生态位和漂移的马赛克的概念有助于了解生态基础管理、不同年龄树木的保留，以及不同演替阶段的森林斑块能帮助提高场地的栖息地生物多样性。在实践中，这通常意味着使用选择性的修剪木材（在特定的时间砍掉树的一部分）或者一次砍伐小面积的森林。罕见的植被群落和原始森林不能被砍伐。

小型自然区域和当地公园

规划师和设计师经常在城市和郊区通过公共购买土地、整合开放空间分配到新的开发项目以及其他方式创造小型自然区域。这些区域的选择受益于对"不可或缺的生物保护模式"的考虑。其中一个"不可或缺的模式"是保护人类主宰的领域中的自然遗迹，包括优先次序罕见的生境、提供有价值的生态系统服务的土地、过去的广幅种和人类享受的矩阵栖息地残余。即使在高度发达的地区，机会的存在往往是抛开微小的栖息地，规划者最初定义这些地区的市、县计划。位于密苏里堪萨斯市中心的面积为十八英亩（7公顷）的蓝河沼泽印证了这个概念。这个小的保护区是一个石灰岩林间—社区类型的一个很好的例子，现在在密苏里已经十分罕见，并且距离城市社区很近，允许当地居民在这个特殊的生态系统中参与学习和生态修复。

小型自然区域的设计（第六级）应该遵循大型保护区的基本原则：将区域规模最大化，将栖息地区域首要考虑，在保护其不受外界消极影响的同时与自然区域连接。很小的自然区域，例如那些小于5~10英亩的（2~4公顷），将会成为主要优势（表8-3）。这些区域通常不会提供最高质量的原生栖息地，但他们仍然可以保护重要的小生境，如春季池塘（季节性水体，一般为两栖动物、昆虫及其他生物提供庇护）。关于缓冲区，最重要的是要认识到，城市或郊区的自然区域往往会受到各种破坏，包括化肥和农药径流、人畜交通、噪声和空气污染。然而，这些影响通常可以通过在自然区域和最重的干扰源之间建立一个低使用强度的场地来减少，例如公园、运动场或低密度住宅。

城市和郊区的自然保护区通常被人类高强度使用，事实上被动的娱乐活动通常也是他们的主要目的之一。然而，如果场地足够大，规划师和管理者们也能够通过划分不同人为使用强度的区域来保护它的生态价值。很多活动，例如野餐区和较短的散步道，可以局限于道路和其他干扰源附近区域。这种方法可以保证其他场地相

图8-3 小块自然区域经常会产生大量的边界效应。以马萨诸塞州牛顿市的哈蒙德森林为例，道路限定了这块区域的边界并将其从中分成两半，沿着整个池塘的边界开发了大量的商业活动。

对远离人类的客流量，可能有助于保护对干扰敏感的动物的数量以及本土林下植物物种，例如兰花和蕨类植物；同时能减少外来物种的入侵。土地管理者可以通过将人流量限制在几条精心打造的道路上，减少非正规小路的形成来进一步降低影响。

通过创造性的、精心的管理，原本不是以保护栖息地为目的城市和郊区的开放空间（第7类土地，如市政公园、高尔夫球场、校园）也可以从生物沙漠转变成宝贵的栖息地。在很多情况下，一部分不常用于娱乐的场地可以通过有限的修复工作转变成一个更自然的区域，（例如种植乔木和灌木）或者只是简单的允许继承发展。例如，在加州伯克利华盛顿小学，一个1.5英亩（0.6公顷）的"环境场地"是通过将部分沥青场地转化成红杉、草地、小池塘、菜园而形成的。这个院子为野生动物提供了栖息地，同时可以用于学校教学使用。

同样，在康涅狄格特兰伯尔，当地土地信托已经发起了一个"认证后院栖息地"的计划，鼓励土地拥有者在其土地上种植本土植物和能供野生动物生活的植物。这些后院保护区为鸟类、哺乳动物、两栖动物提供了栖息地，同时也承担起社区开放空间之间相互连接的"垫脚石"——这些都是在私人土地上建立的，否则它们可能会变成被有毒化学药品污染的物种单一的草坪。

最后，正如上面所讨论的，公园和院子也可以帮助缓冲自然区域的生态压力，特别是如果它们用最少的农药和化肥来管理。提高公园、院子和其他土地栖息地价值的特定指导方针在下一节介绍。

公园和庭院的生态景观设计

毫不夸张地说，传统的景观设计是环境的灾难。草坪是几乎没有栖息价值的场地，但它们占据了美国宾夕法尼亚州同等规模的土地——比种植玉米、小麦或大豆的土地都要多。每英亩草坪使用的化学农药比等面积的农田要多得多，这些含农药的污水汇入了溪流和地下水。

此外，在整个大陆（不只是干旱地区），草坪和花园的灌溉导致当地供水紧张，并从水生栖息地饮水。最后，很多大陆最麻烦的外来入侵物种都是从花园中传播出去的。然而，现在很多物种还在继续销售和种植。

规划师、设计师、土地所有者逐渐开始关注并尝试改变这些破坏生态的景观设计。在设计小型景观中尽量使用更加生态的方式。这种方法主要有两个部分组成。第一，优先使用本土植物或只在景观中增加本土植物群落。通常，这意味着设计比单一的草坪和树林能为野生动物提供更多资源和栖息地的多层次景观。生态学家玛格丽特·利文斯顿、威廉·肖、丽莎·哈里斯提出了四个重要因素，能在严格管理的景观中加强生态价值与植被种类和结构，无论是一个后花园、一个高尔夫球场或者一个乡村公园的野餐林。

1. 植被覆盖总量。土地表面是被植物覆盖还是建筑、人行道、还是砾石？
2. 本土植被。土地表面植被覆盖中本土植物占的百分比是多少？
3. 逃避覆盖植被。在土地表面具有能为小型哺乳动物、爬行动物和陆生鸟类提供栖息地的灌木层的植被所占百分比是多少？这个标准可以基于单位面积植物茎或者叶的覆盖密度来测定，可能会由于场地中动物的需求而不同。
4. 结构多样性。有多少个植被层（如草本、灌木、下层乔木、中层乔木、顶层乔木）？

利文斯顿、肖和哈里斯建议将第二个和第四个因素的重要性加倍考虑，因为它们对野生动物更为重要。这些标准为设计师们提供了一个半定量的方法来对比不同景观选择的栖息地价值。同样，规划师可以建立生态绿化方针作为城市或县的发展法规，使用这些标准来衡量合规。

基于上面所给出的框架，表8-2总结了景观中不同类型的植被的生态作用。当在一个给定的场地中，生态景观的目标是为最大量的本土动植物种类提供栖息地，在所有不同的层次中加入茂密的植被会在场地中自然发生是一个很好的策略。增加一个场地的空间异质性（例如用草甸点缀森林）将进一步增加生境的多样性，但是也会增加边界的数量；因此，对于一个小的场地也许是好的（例如，小于5~10英亩或2~4公顷），而不适合更大的空间。另一方便，当生态景观的目标是维持种群的一个或多个稀有物种数量，最应该关心的应是选择能够满足这些需求的植被物种。

不同地层在生态景观设计中的角色　　　　　　　　　　　　　　　　表8-2

植被层/栖息地类型	栖息地的功能和价值
本土草原	较高的植物多样性；为大量昆虫和地面筑巢鸟类、哺乳动物提供栖息地
本土灌丛带或沙漠矮小树木	通常满足鸟类、哺乳动物、爬行动物的栖息条件，有较高的生物多样性
森林草本层	在森林群落中，很多珍稀植物种类存在于草本层，公园中的草地却与草本层结构不同，并没有那么多的生物多样性
森林灌木层	鸟类和哺乳动物的栖息地；产生果实的灌木丛可提供食物；昆虫的栖息地
森林中部覆盖层	鸟类和哺乳动物的栖息地；产生果实的灌木丛可提供食物；昆虫的栖息地
森林覆盖层（顶层）	松柏提供了冬季的覆盖层，落叶树木提供了多样的食物和筑巢的可能；包括多样化的栖息地。一些物种有选择地使用较大的树木，应该被保留。选择不同花期和果期以及产生坚果的物种，也可以增加栖息地的价值。在景观领域，最大化乔木和灌木的覆盖程度也许是增加防止鸟类物种数量的最重要的一个步骤

续表

植被层/栖息地类型	栖息地的功能和价值
枯木（断枝）	昆虫的栖息地及鸟类和哺乳动物的巢穴；为食虫动物提供食物；如果枯木不存在或者不能直立，巢箱可以部分替代
碎石	枯萎的树木和叶片有助于土壤的形成，同时可以为大量的分解者和哺乳动物提供食物和栖息地。在干旱地区，大量的碎石可能会增加火灾隐患
湿地和水域	一个区域内的大多数脊椎动物会依靠湿地或水域来完成它们的部分或整个生命循环

人与自然：利益与代价的博弈

对很多土地从业专业人士来讲，保障人类健康、安全及社会福利是他们工作的重中之重。规划者与设计者承担了确保住宅、邻里、社区等居住环境安全性的责任，并给予了高度的重视。在这本书中，我们探讨了当人类居所与森林、草地、灌木林地等自然环境交织时引发的矛盾，同时我们也指出了为人类社区提供通向自然的便捷路径的重要性。但这并不是让我们不加选择地在自然环境中进行场地的开发建设，也不是让我们不开发每一寸土地。相反，关于人和自然关系中利益与代价的思考和理解应当指导社区的规划设计，接下来，我们将通过几个案例进行探讨。

本书的其中某个作家住在一个3英亩（1公顷）的公园周边，公园内仅包含一个棒球场、一个小型操场、一些开放草坪。公园的动物群系也只是一些昆虫和鸟类，仅此而已。周边的地区似乎没有在这3英亩的公园中获得太多的生态效益，它很显然也不是孩子们探索自然的场所。从另一方面讲，这个被人们扰乱并严格管理的生态系统没有为周边带来丝毫生态效益。

与这个3英亩的公园相比，清泉公园完全不同，这块67英亩（27公顷）的绿地提供了多重效益：居民可以在沿河小径散步或慢跑，学童在林地展开自然探险，湿地也起到了包括雨洪管理在内的一些生态系统服务功能。依托公园存在的动物群系高度发达，不仅包括昆虫、鸟类，也包括浣熊、臭鼬、负鼠在内的一些中型哺乳动物，虽然周围居民不时在森林周边看到鹿、郊狼、野生火鸡等，但公园并没有常驻的大型动物。即使清泉公园的生态系统并不完整，但它仍为周边社区提供了教育、娱乐和生态方面的利益。

2000年，这个湿地公园成为生态问题的中心，西尼罗河病毒（West Nile virus）在本区域的乌鸦中出现并引起了社区大量的乌鸦死亡。病毒以库蚊属的家蚊为传播途径，从鸟类传播给人类，虽然人类只是偶见寄主，但这种病毒仍然可以致命（图8-4）。20世纪清泉公园的积水和沼泽是疟疾的庇护所，如今它作为蚊子的绝佳繁育地，又助长了另外一种外来病的传播——西尼罗河脑炎。假如这片湿地被排干并被建成一所学校（曾被多次提出），西尼罗河病毒就不会侵占清泉公园，但同时也不会像现在这样创造如此丰富的生态效益及教育价值。

市郊及远郊更加广阔的半自然区域能为居民提供更多的生态效益，从水域保护、食品和纤维生产到欣赏美景的享受，但是自然及生物资源引发的一系列生态威胁也会更加严重。莱姆病为研究土地利用和人类健康风险之间的关系提供了一个有趣的案例。作为美国东北部及中西部内陆的当地疾病，莱姆病是由螺旋体细菌（博氏疏螺旋体）引发并由寄生在鹿身上的壁虱进行传播，会使人非常虚弱。鹿虱既能够寄生在小型寄主身上（如老鼠、鸟），也能够以大型哺乳动物作为寄主（如鹿、人）来完成生命周期。致病菌的第一任受体是白足鼠（Peromyscus leucopus）。

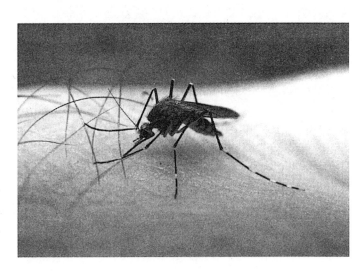

图8-4 由蚊子携带的西尼罗河病毒最初在1999年发现于美国和加拿大。此后引发了多次人类死亡事件，也引发了北美城市进行季节性的蚊虫捕杀。

图框8-1
保护当地自然环境

- 一些区域不再拥有足够广袤的自然栖息地，因此生物多样性保护的职责落到了区域中面积更小的保护区和未开发的土地构成的网络系统中。

- 实现当地土地的经济价值。以土地为基础的产业是很多当地经济的重要组成部分，如农业、林业以及户外娱乐项目。考虑到土地的重要作用，土地利用专家必须在土地规划时进行仔细的斟酌。

- 实现当地土地的非经济价值。土地利用专家致力于通过规划设计自然与人工环境来增加当地生活质量，不仅满足基本生活需求，同时也提供了美丽、轻松的环境，也为人们精神的焕发提供了机会。

- 维护人类健康与安全。自然会一直对人类的健康与安全产生威胁，如火灾、洪水、风暴和瘟疫。仔细规划人为建造区域与自然环境之间的边缘地带，会有助于避免或减少这些问题的危害。

人类在城郊和近郊进行的建设，不仅为老鼠和鹿构建了良好的栖息地，也把自己直接置入到了莱姆病菌的滋生地。人们后来发现，市郊区域似乎比远郊和乡村滋生更多的带菌鹿虱蛹。人们修建的道路和建筑将市郊的景观和土地分割的支离破碎，当地很多小型哺乳动物面临绝种，使得能够耐受人类活动的细菌寄主白足鼠的数量爆发。无序蔓延的生态不相容发展模式导致了人类的莱姆病患病率的增加，因此，我们想通过保护当地的生态系统多样性来减少人类患病的风险。

　　火灾可能是对生存在自然生态系统附近的人类最大的非生物的威胁。我们在第一章提到的位于科罗拉多州的派恩（Pine），许多因素增加了当地人类社区发生野火的几率：临近火灾多发区的生态系统、镇压火灾的历史、建筑与场地设计等都导致了火灾防护的脆弱性。在火灾多发地区，一些自然小火可以防止可燃物的堆积，从而避免发生大型火灾。在自然火势发生规律下，人类生命及财产安全受到的潜在风险被大大降低——尽管如此，我们应当在易燃的森林深处建造家园吗？相反，如果人类家园被安全隔离在易燃林区之外，即使灌丛遍布的森林不会威胁生命与财产安全，答案也是否定的。

图框8-2
组织人与自然关系的导则

- 尽量维持自然系统的完整。健康的生态群落不仅有利于生存在其中的有机体，也有利于邻近的人类社区。相反，优势物种被去除、引进有毒物种、压制自然扰动过程等原因会导致生态系统失衡，人类健康安全也将处于危险中。

- 尽量在人类居所与自然系统中设置缓冲区域。即使在健康的生态系统中，一些生命和非生命物质会在人类社会和自然环境之间穿梭。狼、山狮、鹿、野牛离开居留地；海狸彻底改变了它们生存处的景观；鸟类和蚊子飞跃过人工边界；火灾和洪水不会因为人工分隔而停滞。相反，人、宠物以及其他人造物也影响到自然群落。所以，在一些区域设置缓冲区保护我们与自然的相对独立也是必要的。

- 如果很难保持自然系统的完整性，适当以灵活的管理方式减少对人们定居点的威胁。假如我们没有健康、均衡、有良好缓冲区域的生态系统，我们就需要调整当地生态系统的运作方式从而避免对人类的伤害。例如，建造防火区、清理灌丛或管理像鹿这样动物的数量，来预防引发临近的人类社区健康问题。

虽然我们已经提出不健康及失衡的生态系统如何威胁附近居民健康安全的例子，但也不能否认健康的生态系统也会在人类生活中引发问题。科罗拉多州派恩地区大型哺乳动物的数量十分正常，麋鹿与杂交鹿的数量很多，黑熊与山狮也亦然。但是后两种捕食者会不时威胁到人类，即使概率很低，还是有人在加利福尼亚州和科罗拉多州丧生在山狮的袭击中。因此，当我们提倡土地利用选择应该保持健康、完整的生态系统，人类必须意识到健康的生态系统也包含危险的因素。

我们通过回顾图框8-1中提及的因素对本章节进行了总结，规划者在进行社区和自然斑块的穿插时如何进行考虑，怎样的规划强度才恰当。

将人居社区与自然环境交织穿插在一起是利大于弊吗？或者，是否存在人与自然安全共处的方式可以让我们在承担最小自然灾害（火灾、洪水以及莱姆病、西尼罗河病毒此类的生物性威胁）带来的风险同时来获得自然带来的好处？图框8-2中的原则为我们指明了方向。

在本章与上一章，我们讨论了自然与半自然区域的多种类型，下一章，我们会讨论被破坏的土地如何恢复重建以及如何经营自然和半自然的土地使其健康发展。

第 9 章

修复与管理

回想一下我们在第6章一开始虚拟进行的飞跃大陆的旅行。空中看到的北美直观显示了人类对陆地的强烈干预；事实上，一些区域已经失去了大片的完整栖息地。此外，未被覆盖退化的土地分散在各处，从高度开发的农业用地到采矿区、城市棕地。许多生态环境保护者如今已经意识到了在这些过度开发或滥用的土地上营造更健康生态系统的重要性。提升及保持生态系统健康的过程是本章的主要内容。

原始与被破坏的生态系统间没有简单的一分为二的明确概念，因此也没有能够重塑被破坏区域的生态完整性的简单途径。生态环境保护者提出了形成场地改良的多个术语，但我们仅用到以下两个：复兴及改造。复兴意味着将一个生态系统恢复到原始的状态和阶段，改造重在对严重破坏的场地进行补救，以至于即使它们无法回溯到最初的状态也能发挥作用（图9-1）。为了阐述这些概念，我们对两个完全不同的案例进行研究：位于蒙大拿州比尤特（Butte）的铜矿区和位于伊利诺伊州格雷斯莱克（Grayslake）草原穿越（Prairie Crossing）区的草地。

图9-1　生态系统从原始状态到严重破坏状态。将生态系统逐渐复兴及改造到原始状态的过程。

为蒙大拿州比尤特的采矿后的土地赋予新生

在蒙大拿州的比尤特地下开采和地面挖掘的铜矿已经破坏大量的土地景观。当我们刚才说到"比尤特",不是说在比尤特附近或者在比尤特常规区域内部;这些矿区刚好在城市内(图9-2)。在这个美国最大的被有毒废物堆场污染清除基金(Superfund)清理过的区域,进行生态修复不是为了恢复到最接近原始的栖息地,而是为了在一个被超过一百多年采矿业所破坏的城市中营造可居的邻里环境。比尤特的环境问题是由多种独特因素导致,这些因素都需要逐一解决才能将土地恢复到更加健康的状态。

比尤特和采矿自19世纪末期之后成为同义词。1864年,黄金在这里发现,之后是银,但是这个地方真正成为产生财富的地方是因为最普通的金属——铜。马库斯·达利(Marcus Daly)于1882年在此发现铜,截止1884年,有300个矿井在比尤特运营。至少一部分地下矿井运营到了1975年,1955年伯克利矿井(Berkeley Pit)的开发,预示了露天矿井开采科技开始发生极大的变化。这个位于城市的坑洞是个地下矿井,但在为了得到地下铜矿的情况下,这个矿井的开发一下摧毁了城市中的一个邻里社区。到1982年。当矿井的采矿最终停止时,地上洞的规模已经达到1英里×1.5英里(1.6×2.4千米),深度超过1/4英里(0.4千米)。

不同类型的矿井会导致不同的环境问题,这些陈旧的地下矿井中的一部分挖深近一英里(1.6千米),挖出大量含不同类型重金属的矿石。很多矿石被火车运送到冶炼厂,遗留在比尤特及其周边地区的大部分金属原料污染了这些土地。伯克利矿井是另一个故事。1982年采矿活动终止时,工人关闭了曾经为避免矿坑和相连的通风井进水而设置的巨大的抽水泵。地下水渗入矿坑的同时地表水也流进来,矿坑每天都会新增600万加仑(2200万升)的水,每个月水位平均增长约2英尺(0.6米)。然而,流进矿坑的液体并不是真正的水——至少不能用来直接饮用或清洗。由于周边的岩层包含硫酸物质,这种液体其实是饱含重金属的硫酸溶液。水文学家计算发现当矿坑中的酸性物质的水位高于海平面

图9-2   在蒙大拿州比尤特，铜矿开采已经持续了一个多世纪。照片中置于矿坑通风井之上的井塔依然伫立在比尤特的一个社区中。

达到5410英尺（1650米）将会外渗并污染地下储水层。这种情况不像老矿井中污染残渣的问题，随着矿坑中酸水开始外溢，这种持续恶化预期到2020年会到达最严峻的状态。

简言之，比尤特有两个主要的问题需要强调：堆放在地下矿井周边地表的矿尾中的重金属，以及伯克利矿井中的水含有的金属元素和酸性物质。对比尤特的修复工作者来讲，要把握两部分工作：第一，减少土壤和水体中有毒物质对人类和生态健康的威胁；第二，将先前开矿区恢复成能够重新利用的土地——能够生长自然植被或者被有限地利用。

恢复伊利诺伊州格雷斯莱克（Grayslake）的草原

在伊利诺伊州的格雷斯莱克，离芝加哥西北部一小时火车程的地方，1987年一群社区成员在此购买了677英亩（274公顷）的大片耕地安排做大规模的开发区。原先计划的2400套公寓被名为"草原穿越"的更小的开发区所替代，它展示了新型的生态规划设计理念。这个规划非常重要的组成部分就是将当时该区域中包含的相当规模的豆种植区域修复成草地、湿地、湿地草原和无树平原。

比尤特矿区的再次开发中任可合理的土地利用都是对这片堆满残渣尾料贫瘠之地的改良。在草原穿越区，负责区域修复的开发者和生态学家有着明确的目标。他们试图重塑伊利诺伊州东北部还未进行高度农耕之前高品质的原生草原和无树平原生态系统。将高管理强度的生态系统转换为曾在这块土地上存在过，包含当地物种、生态结构和生态过程的原生生态系统。首先，几十年的集约耕作已经改变了土壤的土层结构，化学肥料、杀虫剂、除草剂的引进形成了不利于当地物种生存的环境。第二，大多数草原物种的能生存发育的种子在土层中已经不复存在，修复者需要从其他地方找到种源或幼苗来源，并将它们成功地安置在恢复的区域。最后，健康的草原也有赖于一定频度的火灾，但是草原穿越区内被修复的草地位于包含362座房子的开发项目中，增加了明显的管护问题。为了应对这些挑战，草原穿越区的开发者需要生态知识指导修复工作，需要获得当地植物材料的渠道，也需要专家指导工程的实施。

修复工程

小山和草原的案例说明了，修复和再生工作涵盖了广泛的目标、标准和背景。然而，大多数修复项目都被一些共同的主题贯穿着，一些相同系列的步骤被用来促进这样的项目发展。在这一部分中，相对于修复的详细机理我们更关注其修复过程。这里提供的方法用于帮助规划师和设计师评估何时以及如何实施修复从而会在项目中发挥作用，帮助了解和评价生态修复学家或工程师进行项目合作的对象。

生态学家理查德·霍布斯（Richard Hobbs）和戴维·诺顿（David Norton）已经制定了一个五步法来指导修复工程，这个五步法在这里作为我们讨论的框架结构。该过程包括以下几个阶段：（1）首先查明并解决导致退化的过程，（2）确定恢复目标，（3）制定战略，（4）实施这些策略，（5）监测修复和评估成果。

第一步：查明并解决导致退化的过程

小山的开采和草原农业的描述表明了，生态退化的原因是多种多样的，但在任何情况下，生态修复工作者必须确定一个场地退化的原因。如果不能正确识别退化的初始原因和解决今后可能发生的问题，那么修复工作是不可能成功的。在上述两种情况中，退化的原因是显而易见的。然而有时，生态退化的原因是难以确定的；我们首先看到的是效果，而我们却必须找到罪魁祸首。修复工作者会施行生态侦查工作，比如努力找到导致湖水富营养化的污染源头（因为过剩的营养物质，而最终导致氧气损耗）。

虽然小山退化的最初原因（重金属载货材料在表面上的连续倾倒）因为地下开采的停止而停止了，于是这片区域得到了明显的清理。对于地上堆积着尾矿的区域，修复工作人员不得不清除或掩埋掉有害物质。在其他区域，他们不得不引进新的表土，种植适宜的植被。在草原上，最初的土壤测试显示。多年的农业活动导致土壤营养水平越来越高，同时在农场中的杂草也变得丰富。

在某些情况下，退化的源头不是一个附加的成分，例如有毒尾矿或外来物种，更确切地说是生态系统中缺失的东西。草原中天然草场物和火灾——一个关键的生态系统进程，都是从景观中缺失的部分。修复一个场地必须找到种子的来源以及将火灾纳入到生态系统中，没有这一点，就不可能使得草原和稀树草原景观得到恢复。因此，退化的原因可能包括"缺失部分"（例如物种、生态进程、土壤）以及"不受欢迎的附加物"（如过剩的营养、污染物或有害物种），并且修复工作人员必须去寻找这二者。

第二步：确定切合实际的目标和正确的措施

制定目标是在任何修复工程中的关键阶段，也是非常有争议的阶段。或许上面的标题中最重要的词是"切合实际"。然而，从修复的金钱、时间和精力上看，相对于其他疯狂的目标，如何做到切合实际对于一群修复人员而言可能任重道远，目标的制定将对整体价值、时间循环以及项目成功的可能性产生巨大的影响。在试图做到切合实际的过程中，如果在一开始将目标放低，那么在修复可能达到的范围内，预期将会达到较高的水平。另一方面，过于好高骛远将导致修复工程出现传播资源过于分散的现象，其效果远远不如制定了合理目标的结果。

　　生态系统的物理、化学和生物特性独立但又相互关联，是用于制定复垦和修复的合理目标的三个方面。物理特性包括土壤、地形、水文以及其他环境条件。化学特性，包括生态系统功能的活动，如植物和营养循环碳吸收。生物特性包括种类、丰富度和物种分布以及它们之间的相互作用。这些特性是密切相关的，并且可以普遍认为是呈阶梯状的：当一个生态系统自然环境被严重破坏，其化学属性往往不可能被修复。因此，修复工程常常以物理操控作为开端，例如平整开采壕沟或重建流向湿地的自然水文。制定目标的时候，修复工作人员需要考虑如何以及在何种程度上解决三种属性的所有方面。

　　小山和草原项目提供了两个非常不一样的案例来强调修复人员可能会将物理、化学、生物的修复目标放在不同背景下。在小山项目中，一些因素影响老矿区的复垦和修复计划的发展。首先，这问题的规模庞大。矿区涵盖了几平方英里，其中大部分含有重金属覆盖的土壤。除此之外，伯克利露天矿坑这个庞然大物几乎跨越了两平方英里（5平方公里），并且其周边的土地都被摧毁。其次，虽然在这些土壤中发现了对人体和环境构成威胁的有毒金属，但这些威胁也不过如此，因为这些金属有很小的毒性比，比方说汞或二噁英。再次，矿场实际上缺乏植物并且其土壤几乎不能利于植物的生长。最后，土壤的绝对容量为160万立方码（130万立方米），只是为了消除它而将其处理掉十分不切实际。根据这些想法，该项目工作的主要目标很明显应该是减少重金属的数量使其达到小山人口和周围环境的安全水平，而不是建造一个完全清洁的区域。如果项目的目标是重新建立一个原始的生态系统，这种"浪费土地资源"的方法是不可取的。

　　在草原项目中，开发商和他们的顾问，生态学家斯蒂文·阿普费鲍（Steven Apfelbaum）的总体设想是，应用生态服务，就是修复各种原生草原、稀树草原和早先在19世纪初就已存在的湿地社区，但是具体的修复目标是更细致入微的（图9-3~图9-5）。首先，阿普费鲍和他的同事们利用线索，如附近的草原残余和历史记录，来确定植物群落曾生长的区域。在他们掌握了历史植物群落之后，他们需要决定场地是否能够永久持续的适宜这些群落生长，或者它们在接下来的时间中是否会改变太多。基于环境条件下（主要是土壤和水分）观察到的梯度，他们创造了"植物调色盘"用于不同反映场地预先存在的条件，以及对当前土地适应性的实际评估。最后，修复工作人员考虑是否要尝试引入完整系列的原生植物和原先就存在的或是品种较为有限的动物群。

图9-3　草原项目中所修复的草原曾经是大豆田。（图片由Steven Apfelbaum提供）

　　草原的案例说明，不只场地中不可能总是或者适宜去完全重新建立历史性的生态条件，而且如果进行了充分的生态研究和规划，那么有太多可选择的健全的结构、功能和原始生态系统的生物多样性需要去调配。无论采用什么形式制定目标，修复工作人员必须提前确保能明确地定好他们的目标，以给自己一个基准来衡量他们的努力。

图9-4　有些草原中的房主选择用本地草原植物物种来种植自家庭院。（图片由Steven Apfelbaum提供）

图9-5　草原项目中所修复的湿地不仅为本地物种创造了栖息地，还有助于发展采用原生湿地和高地植被来过滤雨水的自然雨水管理系统。

第三和第四步：制定和实施修复计划

我们所说的制定并实施修复计划在技术上是两个独立的步骤，但是他们都是基于相同的概念。自20世纪80年代，修复生态学领域已大大扩展，因为环保主义者已经意识到需要修复受损的生态系统，并且为修复工程颁布了相关的法律。在早期，从业者大多是临时的，他们在每个新的项目中创造新的方法和技术。而现在，关于修复技术的知识越来越丰富，并且有土地利用专业人员和数百名专家可以供咨询，还有众多现成的修复产品 可以被纳入项目中。 许多精力已经投入到发展修复方法中，具体的生态系统类型——河流、河口、草原、森林——以及各种各样的技术和半技术书籍在主题中都可获得。表9-1列出了一系列修复技术，这些修复技术可以适应具有不同的挑战、目标以及约束条件的项目。

小山和草原的修复项目实践反映了修复工作人员是如何将不同类型的干预措施相结合，从而实现特定了特定的目标。例如，小山的修复计划提倡初步改善物理环境，如将高度污染的土壤转移到对城市居民和生态系统影响较小的区域，建立混凝土沟渠引导受污染雨水进入沉淀池并且远离银弓溪（Silver Bow Creek），再形成污染区从而使得在被碎石灰岩和18英寸（46厘米）表土覆盖前减少侵蚀和流失。

当这些广泛的物理变化是完整的时候，生物修复——包括种植原生植物物种，就相对简单了（图9-6）。

满足不同修复目标的修复案例 表9-1

生态系统组成修复对象	修复目标	干预技术样本
物理属性	消除土壤中的有毒污染物	机械转移土壤； 实施生物治理（利用植物吸收或微生物分解毒素）
	重新建立自然坡度和地形	机械转移土地； 利用土工织物或土壤稳定装置稳定斜坡
	重新建立自然土壤截面	引进表土或有机物； 植物速生树种，以增加有机质
	重新建立天然河道和河岸结构	机械移除或水坝通道结构； 用机械或人力将木质物残体放置到河道与河岸中
化学属性	重新建立天然营养制度（陆地上）	种植速生树种以吸收过多的营养，使得营养素从场地中转移； 种植固氮树种或使用农家肥或化肥以补充营养素
	重新建立天然营养制度（水中） 改善河岸营养以及泥沙过滤性能	收割湖杂草； 疏通富营养的沉积物； 种植不同品种深根和覆盖地面的植被； 改变水文从而创造富氧或贫氧的土壤区
生物属性	重新修复原生植物物种	用机器或手工播种； 种植种苗或育苗标本
	重新引入本土动物物种	将动物从其他种群中移出； 从圈养繁殖计划中引进动物
	重新引入土壤生物从而提高运作效率	接种本地土虫、细菌和真菌到土壤中
	维持或建立专门的演替性状态	进行火烧处理； 切断或修剪植被
	消除外来入侵物种	进行火烧处理； 用机械或人工物理消除异地物种； 应用除草剂或杀虫剂； 引进生物防治，例如掠食性昆虫、细菌或病毒

图9-6　比尤特的复垦活动将就老旧的尾矿从光秃的、含有金属的土壤（图中右侧）转变为覆盖着乡土草本植物的土地（图中左侧）。

草原项目中要求相对少地改动其场地的物理和化学性质，虽然修复工作人员需要解决因多年的农业化肥而提高的营养水平。为了做到这点，他们种植了能够快速吸收养分的作物，创建了一个适宜草原物种的低营养环境。草原项目的大多数干预措施针对改变场地物种的组成。少数被农场杂草侵害的地点可能会阻碍草原物种的产生，除草剂被用来减少非天然的杂草造成的竞争关系。然而在大多数区域，草原植物被简单地引入并任其生长。随着相对较大的区域被修复，苗种植被选择为播种方法重新引入草原植物物种。

第五步：监测修复和评估成果

检测程序应该从具有生态基线数据的修复项目开始，这些数据将有利于日后有效比较。一旦修复行动开始实施，继续监测场地和进行进展的评估是十分有必要的，这会帮助修复工作人员了解到是否正在实现自己的目标，以及他们是否需要调整自己的行动计划。举例来说，在小山项目中，修复计划提倡人工植被区域规定本地植物物种覆盖地面面积至少35%（图9-7）。像这样具体的目

图9-7 根据复垦计划要求，比尤特至少35%的再生的土地需要种植已商定清单中的本土植物。

标使得修复工程更容易获得成功，并且减少了修复工作人员和监管机构之间分歧的风险。

在许多情况下，自然演替进程可能需要用上几年甚至几十年来使修复场地从新修复土地转变到所需的生态社区。理想情况下，监测工作应该在项目取得成功的过程中持续进行。在长期监测的场地中，一旦人类的负面影响被消除或者有限的修复工作即将开展，其监测的结果往往会随时反映自然系统的自我修复能力。例如，在纽约州布法罗市的264英亩（107公顷）的蒂夫特自然保护区（Tifft Nature Preserve），在最近的1972年是一个市政和工业的废弃地。在当地居民的施压下，政府于1975年采取了修复和管理计划，重植部分场地以草坪、灌木、乔木。到了80年代后期，已经陆续形成植被群落，为175种鸟类、哺乳动物，包括狐狸和海狸以及众多的爬行动物、两栖动物、鱼类和无脊椎动物提供了栖息地。

土地管理

　　无论是从一个在院子里照看田地上花草的农场主身上，还是从一个为耕种玉米和西红柿整地的农民身上，抑或是从一个在省立公园管理娱乐场地及野生动物栖息地的公园管理员身上，我们都能看到——人类无时无刻都在管理着土地。环保人士管理土地，通常用来提高或保持土地所需的本地物种和栖息地价值，与此同时来介绍、推广或维持土地的各种自然生态过程和功能。规划师、设计师以及建设者们可能会有许多机会来管理土地或者为土地管理决策提供帮助。例如，他们可以参与绘制一个公共公园的平面图、建立一些指导部分开放空间使用和维护的条例，或者可以制定一个被用来防止火灾和洪水等自然灾害的计划或管理程序。在本节中，我们主要关注为保持生物多样性和生态价值观的土地管理方法，但值得记住的是，土地管理几乎总是对人类和生态系统产生影响，人类可以大大受益于基于生态的土地管理工作。例如，旨在保护河岸栖息地的河边地带管理，也有助于缓解含水层的压力从而保护人类免受洪水的侵害。同样，允许"火保持"生态系统定期经受火的考验，可以减少像严重损害财产安全火灾那样的灾难性风险。

　　在过去的几十年里，环保主义者们已经越来越认识到，自然保护区不一定会达到预期的功能，因为它们一直在受到人类活动的干预，相反它们必须被妥善管理起来。首先，所有这些类型的自然保护区尤其是中小型的，与超越它们边界范围的外界相连并且很容易受到人类活动的影响，这种影响的范围从温室气体排放（全球性的影响），到灭火活动（经常是国家政策），再到猎人和徒步旅行者的行为（地区性影响）。但更重要的是，就如第 4 章所讨论的那样，随着时间的推移，人类的继承和干预改变了生态系统的物理和生物学特性。除非一处自然保护区足够大以至于可以包含一切连续性的过程，否则演替和干预便意味着一方建立的保护目标会在几十年后消失，而同时另一些保护目标的重要性会出现。庞大的保护区受外界影响和继承的管理问题和干预减少了，因为大自然有更多的纬度去"顺其自然"，但即使是在北美最大的保护区，一定数量的"生态保姆"仍然是处于试验阶段。在那些生态目标必须适应人类对土地需求的地方，自然保护区以外的土地管理可能面临更大的挑战。

管理的演替和干预

许多修复和管理活动是为了加速或防止演替、引入或抑制干预。因此，对于那些想要管理的网站来说，通过询问图框9-1里的问题来考虑干预和连续性的过程是很重要的。

图框9-1
做出土地管理决策时正确认识生态变化

- 场地当前的演替状态与管理目标是否一致？如果不一致，是否需要进行积极干预？

- 如果不加干预，场地是否会随着时间的推移经历自然演替之后发生明显的改变？

- 场地是否遭受了诸如火灾和洪水这样的严重干预？人类是已经通过抑制自然干预或是通过引入非自然干预来进行干预了吗？如果场地的生态需要常规的干预，干预过程需要人类以任何方式来管理吗？

保持自然干预过程

以最小的人类干预使自然干预过程发生，通常是确保生物和生态系统继续体验它们生存和再生所必需的干预类型和干预频率最好的方法。然而在许多情况下，研究的区域往往是一些自然干预会威胁人类健康与安全的地方。当自然干预过程无法被人类自由操控的时候，土地管理者需要减少自然干预的影响或者在合理控制的情况下引进自然干预。

在火灾和洪水泛滥的生态系统中，在任何可能的地方阻碍自然干预成为20世纪的普遍趋势，人类开始扑灭每一次火灾，开始建造越来越高的堤坝。但现在我们意识到消除所有干预的影响可能会随着时间的推移变得适得其反。换句话说，当我们去防止这些小干预的时候，我们却增加了灾难性干预的风险。例如，当小火不能烧掉灌木丛的时候，环境会开始促成巨大的、毁灭性的火灾。土地管理者可以通过设置规定的燃烧规模以模拟扑灭小型自然火灾来减少这种风险。

同样，当我们修建堤坝限制河流而不引导河水流向蓄洪湿地时，我们为可能发生的洪水创造了条件，就比如1993年的密西西比河洪水。相反，允许小洪水沿着河流流向发生可以降低发生单次大洪水的风险。正如这些例子所展示的，生态规划师或设计师应该像一个学太极拳的学生一样思考：知道你的对手可能会全力攻击哪里，后退而不阻挡，一点点消耗对手的能量。

模仿自然干预过程

当允许自然干预过程自由控制不可行时，土地使用专家可以通过使用各种工具模拟自然干预的方式来为保持和恢复当地的生态系统提供帮助。例如，在许多洪水易发地区，洪水发生的时间和强度已经被全北美成千上万大大小小的水坝所改变，有了这些水坝，完全自然的洪水灾害不再发生。管理者可尝试通过操纵水排放，来模拟水生生物和河漫滩生物所需的自然模式的洪水。然而，这个策略仍然不能完全重塑河流的自然流动形态。

火是另一个需要被仔细管理的干扰过程，尤其是在那些堆积了大量燃料的地方。为了减少油量以确保火种物尽其用，管理者们可能需要严格控制放火的规模（图9-8）。例如，在管理马萨诸塞州远海岸的玛莎葡萄园岛荒漠地区时，生态学家们用火烧和清除（切割大树、灌木）的办法将森林改变为诸如热带稀树草原、灌木地、草地这些更加开放的生态系统类型。一旦土地变得更加开放，生态学家利用食

图9-8　在伊利诺伊州东北部被恢复的大草原保持规定好的火势来模拟曾经在这地区烧毁草原的大火。专业技术人员时刻监视着火情以确保周围的建筑物不会受损。

草动物、割草以及有控制地放火这些手段来维持这些开放的地区。这些管理办法模拟了印第安人，这些印第安人曾通过放火和围树塑造了玛莎葡萄园岛景观的开放特性。这些开放地区对于诸如草地、石南丛生带、橡树石南混生灌丛带这些罕见植物组团的生存是必要的。它们同样还会滋养出一些稀有的植物品种，例如沙原毛地黄、楠塔基特岛唐棣、浓密岩蔷薇以及许多稀有的蛾品种。

割草的安排对于城市和郊区风景的继承管理是很关键的，并且对于公园管理者、业主和园丁来说又是很好驾驭的。而在玛莎葡萄园岛，在修剪整齐的人工痕迹明显的园林中，生态学家通过割草来阻止自然演替发生，修剪的频率可以被缩减以便本地草原自然生长。这些地区不会像割草地区那样一周修剪一次，而是每一到三年修剪一次，这样往往足以防止乔灌木林的形成，但不会为大量植物、昆虫、鸟类以及哺乳动物提供足够的栖息地。在理想情况下，每年只有一部分草地需被修剪并且剪草需要定时以避开鸟类筑巢期和使用高峰期。这个方法可以应用（事实上已经在很多地方应用）在道路边缘、后院，公园、校园、高尔夫球场的适当区域，以及一些长草的地方，他们可以改善栖息地价值并降低维护成本。以上三个例子——洪水管理、消防管理以及剪草，阐明了土地管理者通过学习模仿自然干扰机制可以帮助保持和恢复原生生态系统。

侵入性外来物种管理

侵入性外来物种是一种特殊的干预类型，这类干预可强有力地改变一个生态系统。白千层属灌木、欧亚耆草属植物以及舞毒蛾这样的生物入侵可以颠覆原生栖息地的大片地区，取代本地植物，破坏原生动物的食物链平衡。只要有可能，最好的管理策略就是防止生物入侵的到来。第二好是将受训的警惕性和快速、全力的反应的结合。如果可以提早发现，入侵有时会被完全排斥。比如，一个男孩将三个蜗牛带到迈阿密，七年之后非洲蜗牛（Achatina fulica）从佛罗里达州南部被完全根除。然而，外来物种常常在被发现和消灭之前就已经很好地安家落户了。这时目标会从被根除变成被延迟、遏制和阻挠。诸如割草、燃烧或有针对性的农药使用这些方法，可以帮助保持或至少检查这些物种中的一部分。有时，一些生物调控者，如专门对付入侵植物的寄生虫或植食性昆虫，他们在入侵物种的原产地可以找到，并可以引入。虽然引入这些调控者有时是相当成功的，但如果调控者没有它们最初表现的那样专业甚至开始捕食本地物种，那引入调控者这种方式便适得其反。

开发区的土地管理

开发项目中对于栖息地和其他未建设土地的管理是一个重要但常被忽略的生态基础设计要素。通常最好是在土地开发时建立管理指南，特别是如果开发区包含仅被用来保护的土地。房产开发中管理开放空间的一个常见的方法是，指定一个业主协会作为管理机构，但当项目开发被批准后，这个机构应在一个被允许的生态框架内行使权力。当建筑物和社区已经被设计成使人远离像野火这种自然灾害的时候，另一个问题产生了。那就是日常管理需要保障这些安全措施做到位，而且鉴于这种防卫的公共安全方面，最好不要把这些管理责任交给个别业主。

第10章

以生态为基础的规划设计技术

　　让我们暂且回到埃克斯博南恰。这里具有典型的20世纪50年代后期、北美发展的模式的特点（详见第3章）。尽管埃克斯博南恰具有综合规划、分区条例，甚至还有详细的场地设计标准，但最终发展的结果看起来就像未被规划过一样。房屋、公寓、购物中心、办公公园被分割成了独立的个体，并通过宽敞但生境破碎的道路连接。景观中当然还是有一些植物景观，但除了几个公园外，都是一小块一小块的未开发建设的土地或仅是象征性的作为"开放空间"的景观。纯粹的自然栖息地已经很少。向东侧的山体望去，虽然开发强度不大，但还是足以破坏任何大块自然土地。

　　聚焦开发区，我们看到一些已经修剪整齐、重新分类、重新种植草坪与外来植物的景观，这些地区已将自然水流改道直通地下雨水管道和雨水收集池。此类发展是标准和法则的产物，对于尺寸的要求——道路宽度、管道直径、控制类型、消防车转弯半径都考虑的细致入微但却忽略了自然环境。我们希望埃克斯博南恰是一个稻草人，一个荒诞的、夸张的现实，这样的画面应引起全美国和加拿大居民的共鸣。

　　最近兴起的"智能发展"运动在尝试解决与埃克斯博南恰时期的增长模式相类似的环境、社会、经济和生活质量问题。土地使用专家、环保主义者、社会活动家、政治家、和一些开发商所带来的动力促使某些司法管辖区的规划和发展产生了重大的变化。正如《今日美国》、《新闻周刊》等广受欢迎的出版物以及许多都市报纸上铺天盖地发表的文章所预示的，智能发展运动提高了公众对于低计划发展成本的关注度。然而这样的进步是参差不齐的，一些地区发展，而一些地区出现下滑乃至倒退。例如，地方和国家对土地保护的资金投入有所增加，但同时人均车辆行驶路程和土地人均消费这两个关键指标却在疯狂上涨。

正如我们在前言讨论的，这本书主要关注智能发展的两个重要方面：（1）解决人类活动对于生态完整性和生物多样性的影响，（2）保护与生态环境相关的人身安全及财产安全。在这一章，我们站在这两个目标的立场为规划者、设计师和开发人员提供一些更有前景的智能增长的工具和技术（包括已经广泛使用的和前沿的）。我们以讨论可以被纳入计划的生态数据的过程来开篇。接下来的三个部分从三个尺度，即景观尺度（县和地区）、次风景区尺度（城市、城镇、国家）、栖息地尺度（土地和场所），阐述了保护生物多样性和生态完整性的有效规划和设计技术。从规划师或开发人员的角度来看你可能会对集群化发展比较熟悉，但如果从一个乌龟的角度又该怎么看它呢？科学研究可以帮助回答这类问题，可以为从事土地利用工作的专业人员提供更好的生物保护设计的可靠信息。

最后一部分回顾了在生态背景下为促进人类健康、安全、社会福利所进行的实践。虽然我们故意对于每一种技术概要进行讨论，尤其在生态方面，但这种对于生态的关注并不意味以满足社会住房、交通、经济需求为目标的规划是不重要的。规划师和设计师的作用是将所有这些目标整合成一个紧密结合的整体，而我们希望通过阐明这样一个目标使整个过程进行升华。

使用生态数据

在第7章和第11章的规划练习里，我们两次讨论了那些规划师和设计师为他们的场地和研究领域所要寻求获得的生态数据类型——例如，当前是什么物种和栖息地，影响地区的自然和人类干扰是什么类型，超出研究范围的限制会有什么情况发生。一旦这些生态信息被收集起来，规划师和设计师将面临着同其他因素一并纳入计划决策的挑战。

一个整合土地使用规划多种因素的常用技术是使用覆盖地图进行土地适宜性分析。这种已经使用了至少九十年的方法可能在伊恩·麦克哈格（Ian McHarg）具有里程碑意义的著作《设计结合自然》（Design with Nature）中得到了最好的解释。这部著作标志着现代环境规划的诞生。在这个过程中，个体环境因素地图（例如：植被、坡度、土壤、水文及冲积平原）被用来评估土地适应包括保护、农业、低密度开发或高密度开发在内不同用途的能力（图10-1）。诸如基础设施适用性、交通服务和家庭收入等人的因素虽然没有与土地承载力建立联系，但也可以被整合进规划分析的额外目标。地理信息系统的出现简化了土地适宜性分析的过程并建立了不同因素的复杂模型和评价体系。总的来说，在麦克哈格在《设计结合自然》中阐述它之前，这项技术并没有为人类带来多少改变。

生态数据最重要的应用就是为市域和地区的总体规划、综合规划和其他长期规划文件做准备。许多州已经要求相关规划应包括一个章节阐述有关自然资源或环境保护内容，如果当地和区域生态没有在规划中独立成章的话，这一章节也要包括这些内容。规划的这部分应该包含一些分析、生态单元地图、规划区范围内的本地物种、它们所处的生态环境、生态资源的威胁以及保护当地生物多样性和生态系统功能的目标和策略。这些信息也可以体现在综合规划的其他章节，包括土地利用、交通、开放空间和公共设施。彩图8提供了来自东伯特利（East Bethel）和明尼苏达州的示例，它展示生态信息如何通过映射和分析来引导一个开放的空间规划过程。

景观尺度（县和区域）

景观尺度通常是对生态系统和物种保护进行衡量最好的初始思考方式。正如我们在第6章里所说的，所谓景观是重复的生态系统当中的马赛克，其斑块的面积大小大概在10英里至100英里，或者几千公里的范围之间，其中的案例包括大都市亚特兰大或者加拿大新斯科舍省的布雷顿角岛（Cape Breton Island in Nova Scotia）。景观尺度斑块经常是与县镇的管辖区域、大都市或者地方政府有关，有时，甚至与小的州或省域及相关涉及到土地利用规划的范围有关。景观尺度斑块中的保护价值在于执行了"异常值叠加"模型的方式，在这里，大型连

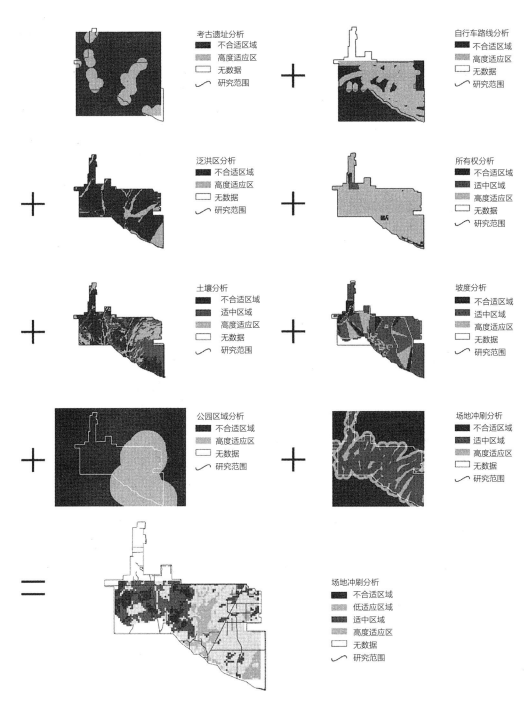

图10-1　土地适应性分析，不同的特征指标数据覆盖范围指明最优的保护区、农业区、城市发展区和其他用地区域。这种分析是生态规划设计的核心要素。（图片提供：Frederick Steiner）

续的斑块和自然半自然的地块被预留出来，作为核心的栖息地和水源保护地。同样的，大面积的农业和城市用地被制定出来，以便更好的获得土地叠加的综合利用价值。

景观保护及发展规划

景观尺度规划必须强调出土地宽广的使用可能性问题，哪里可以做建设用地，做农场，做牧场，或者哪里不可以这都需要通过规划来回答。景观保护和发展规划（LCDP）以一种简单易懂的创新方式回答了这些问题。LCDP只需要包含四个要素：核心栖息地，次级栖息地，集约生产区域和城市区（图10-2）[①]，虽然LCDP是我们用于结合传统的生态保护规划和大尺度土地利用规划的方式，但是类似的规划并非没有尝试过。例如，彩图9是俄亥俄州波特兰的一个长期的大尺度规划，描述了地区总体的未来发展和保护模式。

LCDP的第一个要素是核心栖息地[②]，这些景观自然保护区系统应该被指定在那些珍稀物种的栖息地带，完整的自然系统，以及可提供有价值的自然生态服务的位置，例如，地下水补给区域和水源地。景观生态原则指出创造生态系统的核心栖息区域包括：核心区（可观的内部区域），联系通廊（通廊或者取得联系的区域，取决于物种生态习性）和小的异常值保护区域。并不是全部的核心栖息地都要处于公共所有土地上，也不必拥有保护区的全部产权，规划师可以利用其他土地保护策略——包括购买发展权，开发权转让（文章稍后解释），捐赠土地或者土地投资以及其他不同的土地保护条例。这些方法可以降低区域内人工活动的干扰，以符合地域的生态发展。

次级栖息地被认为是围绕着核心区的缓冲区域，并提供以下的生态价值：

[①] 这张分析图是3种核心栖息地的分类图，经生物保护学家建议划定缓冲区和基质区。然而集约生产区如耕作农田和亚热带森林，混合缓冲区及城市区域的优点。集约化生产区域也倾向于变成了一个对规划者来说非常重要的郊野及半郊野景观区域。

[②] "核心保护区"的概念不同于很多生物保护学家所意味的"核心保护"——大尺度的保护区，几十几百英里甚至千米的跨度禁止人类活动。然而核心保护这一策略在有些地域可以实现，这些地域在以往的城市规划设计背景的设计中往往很难实现（真正意义上的保护）。因此我们更关注于用更小的更多样化的核心栖息地以使得生物的保护在不同的行政区内更加的可行，同时以这种尺度规划师和设计师也更便于工作。

图例
■ 核心栖息地
■ 次级栖息地
□ 集约生产用地
□ 城市用地
━━ 主要公路

图10-2 景观保护及发展规划是总体景观尺度规划平面图展示了建议的核心栖息地保护区、次级栖息地保护区、集约生产区域（农业及林业）及城市发展区，生态分析、景观生态原则及地区居民诉求都将影响长期规划的制定。

- 通过降低外部的影响增加内部核心区域生态品质；
- 增加物种可达栖息地的数量，允许一定中等程度的人类活动；
- 指定大片区域具备近正常化的生态系统功能（例如：地下水补给）。

从规划的预期，次级的栖息地包括那些土地被用作是产生非常适度的生态影响，小部分的土地产生非长期的负面影响。例如，低强度的林业，非常低密度的发展，而且很多被动的以自然为基础的自然消费代谢活动会产生次级的栖息地，就如低密度的农业能提供显著的栖息价值。

集约化生产区域包括高度管理的农业用地和树木种植区。这些区域通常提供很少的栖息价值，但是却对规划者而言从不同方面有着很重要的价值。包括创造工作和收入，提供地方的食物和纤维并且通过利用有经济产出的乡土用地改造实现对蔓延式城市扩张的控制。最后，城区成为建筑用地变成综合性景观的缩影。因此城市区域会包括很多郊野地块以及居住和大量非居住用地。

按照以前的说明和建议，LCDP是一个针对不同强度的景观用地该如何使用的非常必要的土地适应性分析规划。因为这一规划有远见的更多考虑了土地本身的特性，而不是短视的只关注人的需求。规划也更具有前瞻性——25～50年的预期，为的是预期土地的配置（例如：生机盎然的滨水空间或者是新的卫星城的解决）这样可以避免一蹴而就的建设。同样的，规划本身也是基于很多当地细节化的短期规划而进一步发展并整合的综合性长期大尺度规划框架，而这一规划将最终领导规划图的落成和各项条例的实施。LCDP有意识的强化对规章制度的贯彻和落实，这样便可以阐释如果不先解决政策层面的问题如何去实现这么一个大胆的目标（连接栖息地、包含城市）。我们现在运用2个特殊的方法来解决问题——城市边界的扩张和发展中权属的变更，如此景观尺度规划便可以进一步实施。

城市增长边界及基础设施目标区域

城市增长边界（UGB）规划通过有目的的控制城区已经蔓延到目标区域周边范围。UGB的本质，是在地图上划出边界，区分鼓励开发区域和禁止或限制开发区域。UGB在北美最广为人知的例子是俄勒冈州的波兰特市，在UBG范围内，公共资金被投资于各种基础建设（包括轻轨交通），以支持高密度的城市建设和发展。而UBG范围外的土地，规划为农业土地、保护区和低密度开发区。波兰特市的UBG核心，在于延长开发时间，确保有足够的土地，满足二十年内的经济增长。因此，UGB并非一个阻碍城市发展的工具，而是引导城市发展，集中到特定区域的方式。

如果使用得当，UGB可以作为一种手段，有效地，在景观尺度，实现理想的聚集与分散（图6-9）。为了实现这一目标，UGB不应当被吸引到高生态价值的区域，例如景观保护和发展规划中的核心生态区域，并且兼顾位置的合理性、土壤和区域地形等因素，以支持高密度的城市发展。

然而，由于UGB之外的土地，并非完全禁止人类使用（例如波兰特市的南部有许多集中养殖区域），UGB的使用并没有为核心生态区域提供额外的保护。跟此有关的工具，针对性基础设施投资，可以引导公共基础建设支出，在那些被认为最

适合于新经济增长和重建的区域。例如美国马里兰州的《优先资助领域法案》鼓励
城市和城镇建设，确保基础建设资金，集中在道路、下水道等设施和项目投资上，
以支持城市发展。由当地的经济基础规划提供相关信息，马里兰州使用这一程序加
强现有的人居社区建设，同时，避免在生态敏感区域出现政府隐性补贴发展。司法
方面，着手解决"学校蔓延"等现象。一所学校选址在区域边缘，会带动相关的投
资及发展，逐渐使这一区域达到区县、地方水平。例如马萨诸塞州的城市格洛斯
特，启动了"下水道服务区域"计划，将下水道排污管铺设到之前的废水处理存在
问题的地方，但不能把它们，扩展到附近的欠发达区域，在那里允许把房屋修建在
岩礁上，污水可以直接排到敏感的盐沼地。建设集中的基础设施服务区域，就如在
格洛斯特一样，可以节约税款，保护原生生态环境。

开发权转让

开发权转让（TDR），是另一种聚合景观尺度未开发土地的计划工具。

大多数TDR程序，指定两片区域：一是开发权利发送区域，管理者希望尽可
能阻止和限制，对该区域的开发；另一个是开发权利接受区域，可以进行高密度
发展。

TDR允许发送区域内的土地所有者，向接受区域内的土地所有者或开发者，
出售区域内土地的开发权，以达到把开发权从一个区域转到另一个区域的目的（见
图10-3）。这样转换的结果在于，发送区域的土地，被永久保护，免于开发，而额
外的开发权利，可以叠加到接受区域当中。

长期的TDR计划，例如马里兰的蒙哥马利县与新泽西南部的松林，已经以较
小的代价，保护了数千英亩的农田和自然栖息地，同时又为土地所有者，提供了经
济回报，保护他们的利益。

TDR计划有几种形式，每种都有其优势与劣势。

为保护生物多样性和生态完整，最重要的因素，是考虑要指定发送区域的高质
量核心保护区和次级栖息地区域，所对应的区域。

出于法律原因，大多数TDR计划并不禁止在发送区域进行开发，虽然可以通
过各种劝阻手段降低开发密度。鉴于大多数TDR计划，基本上都是自愿性质，成
功的计划是建立在有效的激励机制基础上，使开发区的土地所有人因为更加有利可
图而主动出售自己的开发权，而不是在自己本身的土地上进行开发。

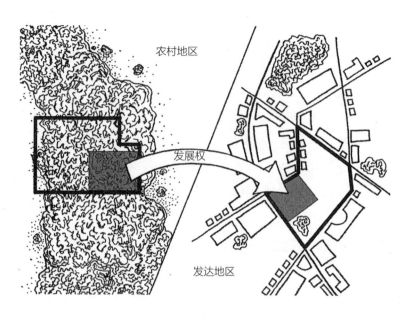

图10-3   发展权转让（TDR）通常允许额外地在现有人居区域进行额外开发，从而换取附近的生态区域保护。规划者们，可以用这个工具，来创建大型的生态完整的自然栖息地。图中深色区域就是TDR区域，左边是发送区，右边是接受区。

　　为了促进生态保护，激励机制可以提供"滑动尺度"，为最有价值的核心保护区域制定更强的激励机制。

　　然而，尽管有良好的激励机制，TDR也不能算作常规的保护手段。因此，如果所研究的区域，包含了独特的或者特别有价值的保护目标，可能其他的土地保护措施比起TDR来更加有效，例如直接收购。

亚景观尺度（市，镇，郡）

　　我们将亚景观尺度定义为遍及几英里或几公里区域内的用地和生态群落。例子包括北美地区许多城，镇，乡的全部管辖区域；区县的部分管辖区域；以及第三或第四级河流的分水岭。尽管总体来说，出于对大型斑块、人口持续和生态系统机能的考量，保护愿景应该建立在景观尺度上，然而在规章和监管方法实行的层面上，与规划师相关的则是亚景观尺度。规划师在亚景观尺度内的两个重要的保护目

标是：1，在用地规划的指导下于地方层面上实施LCDP；2，影响景观改造的次序
（优先发展哪部分区域）。下面列出了实现这些目标的四种方法。

传统分区规划

传统分区规划通常参照的是1926年美国里程碑式的分区规划（Euclidian
zoning）。最高法院的"欧几里德村起诉安布勒房地产公司"的案件中，通过当地
政府行使管制权使得传统分区规划符合宪法。这种方式保留了规划师进行指导规划
的主要方法，包括将一个管辖区分割成为多个不同的区划区域，而每一个区划区域
都可以采用不同类型的土地使用并且允许对占地面积和其他开发特征有不同的要
求。这些区域通常是绘制在一张分区图上，并且每一个区域的附加条件都在分区条
例、准则，或是细则中有详尽描述。

在生态学的角度上，分区规划具有优势也具有劣势。用每个区域内土地的适宜
性来接纳不同的人类活动是建立管辖区分区规划的基本概念的基础，而这种方法与
基于生态的规划方式使基本上完全一致的。问题是通常来讲，分区规划以土地生态
环境适宜性为基础的比较少，而以当地经济或是交通适宜性、历史先例甚至政治私
利为基础的则比较多。例如，数不胜数的管辖区选择将他们的工业区设置在沿河或
泛洪区域内，而现在社区居民希望将泛洪区变为公共使用，于是许多生态问题和规
划困境就出现了。

仅仅依靠分区规划来保护生物多样性和生态完整性的另一个深层次问题，是
指定区域无法发展而带来的极大困难。由于美国和加拿大联邦法律和判例规定，
禁止政府在没有适时补偿所有者的情况下"收回"用地，从而限制了使用分区规
划。在美国，忽视一块用地的所有经济价值而进行区划规划被认为是非法的"管制
型征用"。

本书中提到的理想的规划过程涉及到与不同级别的地方政府密切合作。各级
政府需准备一个区县、地方或者州级的（包括本地市场）粗略的LCDP（Local and
Community Development Programme），然后在地方或县级（或两者并施）优先
实施。事实上，这种合作关系并不总是存在——或是由于物流原因（比如，没有足
够的规划物资）或是由于政治原因——但是这不应该影响上述主张的基本实施。例
如：在没有考虑LCDP的县、地或州级地区，当地政府依然可以通过观察管辖区域
外的更大的生态架构来实现规划和区划。

意识到这种法律约束后，许多规划者将大型地块区划转为不鼓励发展，或者起码当处于那些不宜发展的环境区域时，降低区划的密度。居住区或"农村居民点"区以独栋的形式规划，在郊区和远郊区，最小地块尺寸通常需要2、3或者5英亩（0.8，1.2或者2公顷），并且在一些美国中西部和西部的农村地区，最小地块尺寸是10，20甚至是40英亩（4，8或者16公顷）。大型地块区划的的确确导致了低房屋密度，但是对发展也不再是什么阻碍了：由于若干社会学因素——包括对于长距离通勤意愿的增强，家庭办公的增多，退休人员和第二套住房拥有者数量的增加，以及在选择房屋时日益重视生活质量——很多人希望住在位置更偏远的大型地块上。

第6章中，我们指出大型地块区划几乎总是对本地物种和生态系统造成伤害，是因为它将人类影响扩展到了一个很大的区域，消除了土地大部分的生态价值而没有有效的利用于人类目的。一个比较好的方式是将大多人类居住区集合在指定区域内，理想状态下指定区域应具有低生态价值或独特性，利用这种方式移交发展权利和保护细部设计（参见后文）。然而，鉴于大型区划很可能将要继续被广泛应用，我们在表10-1中探讨了不同尺寸的地块上可以提供何种保护价值。我们也建议了低密度房屋开发可以如何改变来降低大型区划在当地生物多样性上的负面影响。

绿图

就像我们在第3章和第6章中讨论的，传统区控指导下的发展通常会沿着一条不幸的轨迹行进。首先，由于房屋和商户通常修建在平整、排水良好并且土壤优渥的位置，于是自然土地便被贯穿、分割、并且变为碎块了。其次，作为发展发生后的余波，已建设地区将不断融合直到剩余自然土地减少至很小、孤立的斑块并伴随其生态价值的急剧下降。这些自然土地的碎块通常不足以维持自然生态进程以成为许多当地物种的陆地和水生栖息环境，并且造成本地环境严重下降。

这个让人沮丧的顺序的替代方案就是在群落发展初期准备绿图——一张可以辨明潜在保护区域的地图，如湿地、陡坡、稀有物种栖息地和稀有生态群。而后，在需要开发时，就可导向非敏感土地了。久而久之，当群落极近扩建时，一个受保护的、互相连接的保护网将在被发展土地中成型。这种方式非常接近于上面提到的景观保护和发展计划，但是应用尺度更加精细。尽管LCDP可以为核心栖息地、次级栖息地、集约生产区和城市区识别出大型斑块，然而群落绿图可以分辨出每个大型斑块中都有一个小尺寸的具有生态价值的碎块和没有价值的区域。有绿图作为指导，规划者们就可以通过各种手段来保护敏感土地了。

例如：

- 最重要的土地可以通过直接购买或作为保护地役权的目标被保护；
- 次级重要土地可以作为环境保护法的目标（见下）或者通过开发权转让被保护；
- 剩余土地可以在场地规划中予以考虑。各种场地规划准则（见下）都可以避免开发者将这些区域作为单个场地来规划。

环境保护区划

　　环境保护区划指的是区划区域，重叠区域和其他禁止或限制在环境敏感区域发展的规定。这些区域划分应用广泛，包括湿地，泛洪区，溪流廊道，陡坡，脊线，视域以及动植物栖息地。他们可以在所有司法等级内实施，从美国联邦湿地保护法到州/省、县和当地规定。濒危物种法与基于区划的环境保护在意识上有点不同，因为他们通常不会出现在那些遵从土地使用限制的区域图上。相反的，管辖区域是根据列出的物种的生态需求被定义的，就好比在场地调查中利用植被分析图和相似方法发现的那样。

　　环境保护区划毋庸置疑的为本地物种和栖息地做出了贡献，即便这不是他的首要目的。例如，泛洪保护区通常是为了防止地产破坏而建立的，但是通常会产生一个维护河岸缓冲带的影响，而河岸缓冲带会过滤污染，遮蔽河流，为物种迁徙提供生态廊道。除了环境保护区提供了偶然的生态利益外，许多管辖区规定了明确的生态保护条款。例如，马萨诸塞的法尔茅斯镇，制定了一个野生动物重叠区域，在此区域内任何发展必须采取措施保护鹿、狐狸、土狼、巢鸟、爬行动物、两栖动物和州列濒危物种的指定栖息地。此镇可以要求区域内的土地开发者避开在相邻地块上与廊道相连的野生动物廊道，集中开发来最小化影响区域，避免使用野生动物限制翻护栏，并且保留本地植被。

图框10-1

大型地块区：它是否能提供生态效益呢？

很显然，大型地块区会在很多方面危害生态，但是值得研究的是，在什么情况下，这种分区方式能带来一些生态价值。像生态学中的很多问题一样，"大型地块区是否能够提供生态效益呢？"的答案也是"视情况而定。"然而，我们可以通过在几种不同的保护目标下回答这个问题，从而开发一些有用的指导方针。

保护问题	注意事项	最小尺寸划分和其他设计因素的指导
大型地块区是否能为大多数动物提供栖息地？	一些人类容忍的哺乳动物和鸟类可以在城郊区域生存。种植有乡土植物的花园可以为昆虫和鸟类提供栖息地	地块面积在1英亩（0.4公顷）或以下的，只要植物种植合理，便可以满足
大型地块区是否能保护溪流的水质和自然水文？	当流域的表层不透水面积达到7%~10%的时候，溪流的物理和生物特性开始下降	覆盖的地块最小2英亩（0.8公顷）通常导致不透水表面低于10%。为了防止污染，场地设计应该保护河岸的缓冲区，减少草坪，妥善进行雨洪管理
大型地块区是否可以给爬行动物、两栖动物、哺乳动物在栖息地提供小型巢区？	只要有充足的水文要素，的有些物种可以在1.5英亩（0.6公顷）的斑块生存	地块最小4英亩（约2公顷），水文要素受到保护的可以提供栖息地的价值。连接附近原生栖息地的廊道可以提升此价值
大型地块区是否可以保护原生植物群落和珍稀动物的小型巢区？	很多植物的种群可以在12英亩（5公顷）大小的栖息地斑块中存活繁殖，只要距离建筑、庭院、道路的缓冲区大于100英尺（30米），从而最大限度的减少边缘效应。这种斑块同时可以维持一些小型动物的数量	房屋居于中心，大小在15英亩（6公顷）的地块，每个地块间拥有12英亩的栖息地斑块。连接附近栖息地的廊道可以提升长期的种群生存力

保护问题	注意事项	最小尺寸划分和其他设计因素的指导
大型地块区是否可以保护森林中鸟类，对人类敏感的草原鸟类，和中型食肉动物的数量？	斑块大小在60英亩（25公顷）时，可以维持很多区域敏感性鸟类和例如狐狸这样的肉食动物的生存。然而，人类的影响仍可能限制生物多样性	房屋居于中心，大小在50英亩（20公顷）的地块，每个地块间拥有60英亩的栖息地斑块。连接附近栖息地的廊道可以提升长期的种群生存力
大型地块区是否能保护大体型，大活动范围的动物？	例如黑熊，麋鹿这种动物会对路网密度十分敏感	大型地块区并不适合保护这些类型的动物，因为它们需要很大的生存空间，并且对人类活动的敏感度很高

在上述例子中，期望的保护只有在房屋坐落在合适的地块上时才能达到，这时候最敏感栖息地是尽可能远离人类影响的。表格中的准则同时假设整个地块在排除的房屋，小院和车道条件下将会维持自然栖息地。由地块发展产生的扰乱斑块的大小是非常重要的：如果很小，他可能不会将全部干扰进程引入附近的自然区域。

另外，表格假设讨论中的全部景观都是和指明大小的房屋地块一起发展的。就算是和大型地块，这种均匀分布的图案，低密度发展（并且道路需要通向他）会穿过和打碎这片景观至极大程度，极度缩减整个栖息地价值。然而，如果他连接到一个临近保护区域的更复杂的栖息地，在大型地块上的栖息地也许会比本地物种更加有价值。如果他被用来与其他保护方式联合，这些考量指出大型地块区划可以提供更多生态价值，这些方式包括土地收购，河岸区域保护和低冲击发展（见下）。使用这种方法，低密度房屋发展区划可以从更敏感人类土地使用中缓冲核心栖息区域。同时，由于他们自己的权益，栖息地价值也许受限。

有些管辖区基本上是与大型地块连在一起的，他们为农业，森林，或生态土地建立了保护区划并且将大量的最小地块尺寸和其他不鼓励土地分支和发展的政策联结起来。例如，明尼苏达的一个模范农业和森林保护区不应该允许每40英亩上超过一个的土地分割（例如，一个土地细分单元）。最新出现的房屋地块应该在1到2英亩（0.4和0.8公顷），这样才能保留剩下的38到39英亩（15到16公顷）作为农田/森林。细分的农田/森林地块应该至少是25英亩（10公顷），这样才能为农村土地利用保留"大型地块"效益。相似的方法也可以用于将发展导离敏感栖息地。

淡水生态系统保护

第6章中，我们展示了一系列人类对淡水生态系统的威胁以及它们的生物多样性。处理这些威胁需要两组步骤。第一，需要分水岭范围的努力来限制人类土地使用产生的影响，比如化学品，热气和富营养化污染，以及腐蚀（这些方法会在下一个单元"栖息地尺度"中讨论）。第二，足够的自然植被缓冲带必须保持在水体两侧沿河布置。这两个步骤都十分重要：没有分水岭管理，污染会快速超过缓冲带的吸收能力（并且可能会污染地下水）；没有植被缓冲带，河岸固定和溪流荫蔽的关键功能即会丧失。

规划者经常会问到一个自然植被的河岸缓冲带需要多宽，才能达到预期的生态功能。再次重申，这取决于问题中的功能需求。即使一个很窄的植被廊道（例如，25英尺，或者8米宽）对于河流荫蔽来说也很有价值，固定碎屑，稳固河岸，并且为生活在附近的动物提供栖息地。然而，其他功能——例如捕捉沉积物和污染，吸收或消除多余营养，并且为脊椎物种提供河岸栖息地和移动廊道——基本上需要非常大的宽度。河岸廊道可以用很多方式进行过滤：

- 土壤中的微粒和有机质吸收污染；
- 植物把营养吸收进入它们的组织中；
- 植被和落叶层减缓水体流速并且从高地将沉积物沉淀入河；
- 在特定条件下，细菌会吸收生物降解氮并且生成氮气释放入大气层。

所有这些功能，由于密集植被、良好建立的土壤层、粉砂状或肥沃的土壤（与砂质或黏质土壤相反）、人类干扰的减小，并且土地平坦等因素，而被加强了。缺少这些因素的河岸廊道则需要加宽来达到相同的过滤功能。同样，当周围分水岭十分陡峭时，有高降雨量或者有大量暴风雨、或高腐蚀或者有城市土地、农业、或滥砍滥伐造成的污染时，也会需要更宽的廊道。

当我们在确定自然植被的河岸走廊道宽度时应针对这些因素进行针对性分析。

然而，这种方式对于大多数规划者和设计者不太实际，同时也会与管理一致性的法律要求产生冲突，一种更加实际的方式是规定一个默认宽度要求，然后根据场地需要变化。假设上述确认因素是良好的。一些研究选出了最小缓冲带的宽度是100英尺（30米），将这个宽度加倍可以提高缓冲带对野生动物移动的价值并且加强过滤功能，特别是那些缓冲带或分水岭内条件不太理想的地方。

最近，在这些科学发现的基础上，许多管辖区采用或推荐使用河岸保护法。例如，马萨诸塞州规定，在城市中心外的持续的河流的200英尺（60米）内，限制发展。华盛顿州的Clark县，要求在河流150到250（46到76米）英尺范围（范围取决于项目大小）内实施的项目，都要区县审核以及栖息地保护措施。康涅狄格州环境保护部沿长流河建立了一个100英尺（30米）的缓冲带，为非长流河建立了一个50英尺（15米）的缓冲带。

开发时序

开发时序过去被当成一种防止超出社区能力的急速增长的工具，这种急速爆发会使社区不能提供发展所需的新道路，学校，和公共安全服务。开发时序的一种形式是限制增长率，限制增长率的方法或是（1）在给定时间内，限制在管辖区内的建筑物许可的数量，或是（2）要求超过一定规模的发展在几年时间里逐步进行。例如第一种情况下，一个自治市可以在市范围内每年最多发布200个建筑物许可，那么在第二种情况下，可以限制每年的主要新房屋开发建设不能超过总户数的25%。另一种开发时序的种类是通过将发展审批与基础设施有效性相连的方式，作为并行的要求或者足够的设施条例。这种规定要求在发展前铺设的道路和下水道等基础设施可以行进至指定位置。如果一个发展者试图在缺少合适基础设施的地点进行建设，他或者自己投资基础建设，或者等到公共投资的基础建设已扩展至该地点。

从空间上思考，规划者可以利用发展时序作为工具来影响那些本地栖息地变为建设土地的顺序和速度。第六章中，我们展示了一个在景观上尽可能长的保留大型自然植被的斑块的土地转变次序，同时波动廊道和小型储备进入景观的建筑部分。幸运的是，这个土地转化模型和许多良好的植物应用教学保持了一致，在加强社区的社会和经济紧密协同作用时，使土地使用，运输和基础设施有效利用，从而建议聚集建筑区域。一个为了提升生态最佳土地转化的发展时序也许包含了下列条款：

● 一个适当的设施条例，它与以新道路、净水污水管道、公共设施，这些对生态学敏感度较少的区域，和紧邻已存在的人类定居点为目标的基础设施规划相匹配；

- 一个限制增长率的条例，设立了城市（或者县域）每年最大的建设许可量，在生态上基于点数制度对以下三种项目有倾向的发行许可证：（1）接近现有居住点或者大面积退化的原生栖息地的项目；（2）对已被破坏的或易破损的栖息地影响较小的项目；（3）创造生态效益的项目，例如栖息地修复，水域管理的提升。

栖息地的尺度（场所与场地）

栖息地的尺度为诸如工程师和风景园林师一类的设计者带来了最为广泛的挑战和机遇。同时，开发商在这一部分的影响力也是最大的。在面对环境破坏者的诽谤时，开发商应当起到保护生态完整性的关键作用。首先，开发商应当对土地加以控制（一些法规限制类的事务），同时，与之相随的是保护、保存、重建的能力。灵活发展的法规很快使得开发商在这样做的同时还能够得到丰厚的利润。更重要的是，开发商和他们的合作伙伴在产业市场中对客户有着强有力的影响力，使得客户对实体房地产项目产生偏好。实体地产市场中的传统智慧往往和生态设计理念相互排斥——例如比起被保护的开放空间，家庭购买者更偏好于选择大面积的私人庭院；又如异国植物与乡土植物的选择问题。但是，这些"偏好"为开发商销售过去建造的建筑提供了很大的市场份额。

具有生态意识的开发商能够将市场能量导向至促进较为和谐的住宅小区的发展。"乡村之家（Village Homes）"项目就够很好地说明该点。"乡村之家"是加利福尼亚州戴维斯市（Davis, California）的绿色发展项目，包含一个自然植被雨洪管理系统、食品景观和其他的一些生态创新。1970年代末，当该项目的第一个单元出现在市场中时，由于其并不符合当时的标准典范，一些房产经纪人甚至拒绝展示它们。但是，如今"乡村之家"已经是戴维斯市最吸引人的地产之一，并且它的住宅单元比其他住宅小区的可比较住房销售得更快与更贵。

对于设计者和开发商而言，在规划选址的过程中有三条原则能够帮助保护场所的自然保育价值，并为未来的住户提供沟通自然的途径。通过这本书，我们强调了在尊重生态背景的前提下理解和设计土地的重要性。这样，基于生态学观点的选址与尺度规划的第一条原则，既是每一片小尺度的场地设计都必须在较大尺度生态规划基本实现的前提下进行。例如"当地社区发展项目"（LCDP，即 the Local Community Development Program）和"亚景观尺度绿色足迹"（the sublandscape-scale green-print）。分区规划法规或许有强制的一致性，设计者能够利用他们来帮助理解设计基址对于景观尺度保护目标的潜在贡献。

第二，当设计者有机会将一些自然小斑块整合到场地规划中时，应当注意不但要考虑人类使用者从这些令人愉快的事物中获取的利益，例如在小径上漫步，或是建立观鸟区域。与此同时，设计者更应该考虑这些小斑块同时能够起到的保育作用，例如保护独特的微环境以及生物踏脚石系统。正如我们在第8章讨论过的，在风景园林系统中基本没有不具备生物学意义的部分，即便是城市公园，如果设计良好也能够具备一定的生态效益。

第三，回顾第6章中讨论过的生态健康的概念，场所设计应当努力地以一种不引起土地永久性退化；不引起诸如污染或景观破碎化问题，损害外围生态系统完整性的方式去利用土地。接下来的三条详细的设计手法阐述这些原则是如何在栖息地尺度上应用的（虽然所有的这些设计手法都适用于场所或场地尺度，但是他们实际上更加倾向于在市域或县域层级通过法律条款的制定来执行）。

减缓发展的脚步

限制人类活动侵占的土地也许是栖息地尺度下保护生态价值的最好方式。在诸如保育型住宅小区设计（也被称呼为集群开发或开放空间住宅开发）中，制定不用于发展的地块实际上就是将用于发展的地块从一处转移到另外一处。相对于将建筑以"分大饼"的模式均匀地布局在场所范围内，开发商将建筑分组，集中于较小的地块上，并将这些组团理想化地放置在理论上生态敏感度最低的区域内。余下的区域就作为不用于开发建设的土地，并制定一些限制条件来限制未来的开发建设（见彩图10）。统筹小区开发（PUDs）采取了相近似的规划方式，但稍有不同——其居住小区是住房和非住房用途的混合体，同时其建筑密度也更高。最后，许多司法行政管辖区都要求所有居住区和新建地块的一部分被保留为"开放空间"。但即便这项规定已经成为常态，在很多案例中，这些开放空间也基本是草坪或是种着一些栖息地价值很弱的非本土灌木而已。

保育型住宅小区、统筹小区开发和现场开放空间等规划设计方式带来的生态效益从非常大逐渐降低至零。为了使生态效益最大化，设计师在规划场所时应当更加关注场所的自然特征，而不是在所有的建筑、道路都安排好后再填空式地规划开放空间。在规划师兰达尔·阿伦特（Randall Arendt）的著作《住宅小区的保育型设计与植被发展》（Conservation Design for Subdivision and Growing Greener）是他提出了一种依凭于场地自然特征的四步场所规划法。显著的场地特征包括：湿地、河漫滩、陡坡、透景线以及独特的植被。这些特征首先被测绘出来，并相互叠加来确定场地中最应当优先保护的部分。阿伦特建议，这个资源测绘和目标优选的过程，应当建立在场地实地探查的基础上，参与的人员应当包括土地所有者、开发商、风景园林师、市或县级负责该项目的规划师。在这个名单的基础上，笔者认为不妨再增加一位生态学者和一位野生动物学家。在完成这张基础底图后，设计师进一步勾画出开放空间的区位，确定哪里用于开发。随后布局建筑和道路，最后再确定用地界线。这样的设计过程和传统的"大饼式"设计过程几乎采用了相反的流程，但使用该方法规划出的居住小区却能展现一种尊重场地特征的几何布局。

四步场所规划法的第一步是，场地分析，这步是将生态学经验吸收到规划过程中的最重要的一步。观察场地本身的特征能够便于确定场地中最需要保护的部分；举例来说，在规划开放空间时能够给现存保护区带来机遇，我们能够利用这个机会建设、拓展生态廊道；保护场所内稀有的生境。许多数据能够用以支持环境分析，包括绿色印迹（如果有条件）以及其他一些能够显示出土地覆盖层、稀有物种栖息地和周边区域保育地块信息的当地生态图纸和数据信息。除此以外，下文中的项目也是需要重点考虑的因素：

- 场地如何布局能让内部栖息地的范围最大；
- 在划定大小的、具有限制的栖息地范围内，哪些种类和种群需要被视为保护目标；
- 哪些流动（包括人类、动物、风、化学物质）会对开放空间造成影响，通过对自然区域的规划布局，每种情况造成的影响是否能够得到最优化的解决方案，并且能优化到怎样的程度。

有一种现象值得我们注意，在保育型居住小区和其他开发项目中，开放空间的建设往往受到多种因素和目的的牵制与影响。例如，基于美学考虑时，一些经常能够被人看见的开放空间会受到重视，比如农田、道路边的植物缓冲带、房屋之间的树林等。相反的，从景观生态学的角度思考，发展区域应当聚集在道路周边，而广阔的腹地则作为完整的自然栖息地，来方式破碎化的产生（如图10-4）。但这并不是说每一个社区都必须保护完整的天然栖息地来而忽略例如农田、透景线、足球场等景观要素或设施。无论如何，规划师和设计师应当有整体权衡考虑的意识，当你选择不去谋求生态完整性的最大利益时，应当确保这种选择是出于理性的、追求其他目的的结果。

一些权威的评论指出，保育型居住小区以及其他相同尺度的技术并没有真正解决开发区蔓延的问题——低密度的开发区还是涌入了农村地区。在景观生态学条款中，聚集集合的土地被用于场所尺度，而不是最为关键的景观尺度。评论为规划者们提出了一些值得推崇的做法。首先，基于聚合方式的开放空间保护必须从城市尺度或县域尺度的绿色印迹，或是相似的生态网络来考虑，这样能够帮助规划者在最大程度上保护场地的生态价值。第二，当规划者考虑将需要最低程度开发的地块保留为开放空间

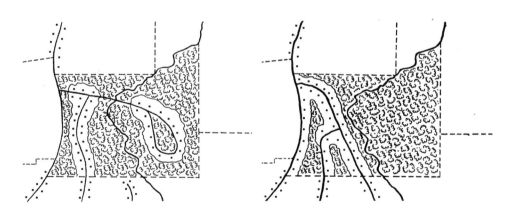

图10-4　在规划保育型居住小区时，美学目的和生态学目的有时会相互冲突。基于美学因素，设计会更加偏向诸如"主路的观赏面没有被开发""每一栋建筑是否临近足够的开放空间"这一类的问题（如设计方案a）。而基于生态学考虑则会得到趋近于设计方案b的结果——规划更大的内部栖息地，在东侧（右侧）的林地与道路周边聚集的住宅组团间增加更多的缓冲。无论是方案a还是方案b都包含相同数量的住宅。

图10-5　对于道路更宽、更平缓、更长的需求摧毁并重新划分了大量的原生栖息地。

时，应当对比衡量开放空间带来的价值和集中开发可能带来的生态效益（这种集中开发最终可能会减少增加土地流转带来的损害）。例如较大的前方、侧方和后方的容易受到干扰的地点只能带来很少的经济效益（虽然这些地方能为人类提供价值）并导致蔓延问题。最后，对一个很大的、有上千英亩或更大的场所而言，聚合或统筹小区开发是非常有效的手法，它能通过大斑块带来的效益来稳固自然生境。

基于生态学原理的场所开发实践

　　无论是建造一个保育型居住小区、一座城市公园还是一座购物中心，对于一些敏感设计问题的考虑都能够极大地提高项目成果的生态效益（图10-5，10-6）。但不幸的是，大多数这种需要考虑的特征都和传统开发实践的要求背道而驰。表格10-1比较了传统视角与生态敏感度视角下，对于场所的不同设计方法。在许多生态敏感型的开发实践项目中，开发商为了节约造价，往往会减少用于场地前期准备的高昂资金投入，例如对土方与道路建设的投入。规划者在明确地方开发法规并不禁止准备进行的行为（例如扩宽道路）时，能够有效地督促开发商对场地进行前期投入。在一些行政管辖区还制定主动鼓励或要求对生态敏感地开发实践的政策。

图10-6　这张照片列举了一些生态敏感区域场所设计的原则，包括尽量使用更窄的道路和乡土植物的保留。照片中的开发区包含了33个住宅单元，占据了64英亩土地（按总量计算，平均密度为每一个住宅单元占据2英亩），但是在该场所86%的土地仍然被保留为没有开发的树林和草甸。

环境评价

在很多行政管辖区，州/省和地方级的环境评价是重要开发项目所必须的。在地方尺度层面，环境评价可能会包含在居住小区评价、场所规划评价中，也可能包含在一些特殊的项目审查中（例如特许用途审查）。这些评价几乎都包括了工程因素，例如暴雨径流和流量等级等，但是却常常缺少对生态因素的考虑。即便法律要求对项目中的生境以及对野生动物产生的影响进行调查并提交报告、最终的分析结果却往往是粗略的、带有偏见的以及内容低劣的。而不要求（或是不强迫要求）在地方环境报告中提供有意义的生态评估，实际上使得规划者错过了在开放项目中促进生态保育的机会。在下文表格10-2中，列举了本书中认为的在生态评估中需要考虑的事项。

表10-2的最后一点，阐述了一种将生态系统视作一系列价值标准和服务的方法：物种多样性、基因多样性、营养物质的循环、水文循环运作等。对于土地利用一个最有利的目标就是如果不能增加土地的生态价值。就保持住我们能够通过这样一个战略来实现目的："减少、缓和、抵消"。首先，从一开始就要将开发的影响降到最低，来使损耗最小化。

生态敏感型场所开发实践概观   表10-1

传统实践	生态敏感型实践	有关的生态学要因
场地清理及平整		
大多数地块都会被砍伐清理，便于整理土方并"最大化输出"开发潜能。在地形起伏较大的场所，地形往往会被平整，工程师们会尝试通过填挖方来平衡土方量。	运用聚集式的开发模式来最大限度地降低场地清理与平整的分量。种植大量的乡土植物，减少草坪的面积。依据地貌布局建筑与道路，减少挖填方。	土壤的扰动会破坏土壤断面并杀死许多土壤中的生物；囤积表层土壤用于回填会加剧以上提到的不利影响[1]。即便在清理和平整后的土地上再种植上乡土植物（实际上人们很少会这样做），这一区域也需要花费几十年来恢复到接近自然原生群落的程度。
无法渗透的地面		
许多行政管辖区要求开发商建造宽阔的道路和过大的停车场，地表失去了渗透水的功能。但这样的硬质地面很多都不是必须的。	聚集式的居住小区所需要的道路面积仅仅是传统设计方法的40%。更窄的道路会带来许多生态效益。停车场的大小应当以每天的实际使用量来确定。备用的停车空间应当使用渗水材料铺就。较高的建筑和停车楼能够有效地减少不渗水的地面总面积。	在城市与郊区，流域中不渗水表面的面积是影响活水生态系统健康的最重要因素之一。过量的不渗水地面标着生态浪费，同时也代表了经济浪费：建造更少的人行道，能够为乡土生境留下更多的可能。
雨洪管理		
道牙、排水沟、雨水沟和地下暗管收集雨洪，并将其排放至一个集中排放点或延时/储存池塘中。	模仿自然状况设计雨洪管理系统，现场净化水，引导水下渗（替代将水排走的方法），利用乡土植被系统来净化渗透水，并将雨洪管理与风景园林设计关联起来[2]。[1]	允许雨洪下渗回土地（与将水通过明沟暗渠排走的做法相反）的系统能够增加地下溪流的流动同时减少洪涝。以生态学原理为基础的雨洪系统还能够更好地拦截和综合污染物，同时也具有更高的美学价值。

[1]　洛厄尔 W. 亚当斯（Lowell W. Adams），城市野生动物生境（Urban Wildlife Habitats）[明尼阿波里斯市：明尼苏达大学出版（Minneapolis：University of Minnesota），1994]。

传统实践	生态敏感型实践	有关的生态学要因
	施工期的影响	
土方作业会导致大面积的斑斑块块的裸露，这样会加重土壤侵蚀。	在建设前，在平面图或现场规划一片不被干扰的区域。将建设过程分期，始终都要限制裸露土壤的情况出现，特别是在雨季。若有裸露的土坡，立刻用覆盖物或植物将其稳定住。在边界处加以保护，防止淤泥流至地块之外。	建设中的地块遭受的侵蚀粗略地估算是森林地的2000倍，是城市的200倍[3]。这些淤泥能流入溪流中，使其中的生物窒息。沉重的机械会伤害植物的根系，压实土壤，杀死其中的有机体，造成树木的死亡，并降低土壤供养原生本土植物的能力。
	道路设计	
基于交通工程观点设计的宽阔的道路会摧毁乡土植物，增加地表的不可渗透性。对于更缓的坡度、更大的转弯半径、更深远的视线范围的需求加大了对清理和平整场地的需求。这样的做法甚至会鼓励汽车以更快的速度行驶。	在很多案例中，对于道路宽度、坡度、转弯半径、视线距离和路肩（graded shoulders）的需求并不需要以牺牲安全性为代价来实现。	研究表明，更宽的道路、更高的车速以及铺砌的道路（与没有铺砌路面的道路的相对）会增加对乡土动物群落的不利影响，导致生境的灭绝和破碎化。而道路沿线广泛地种植非乡土植物会使这种影响更加明显。
	风景园林设计	
商业性质和居住性的项目中，大量使用草坪用草和装饰性的园艺品种（其中的大部分都是外来物种），这种做法能带来的生态效益微乎其微。	在风景园林景观中以乡土植物作为优势种或只运用乡土植物，如果可能，模拟当地乡土植物群落的结构并增加植物层级（例如草本植物、灌木、树木）来增加生境丰富度。	传统的风景园林景观是入侵物种扩散的帮凶，它过度使用当地的水资源、并让肥料和除虫剂随径流扩散。基于生态学原理的风景园林景观能够保护数量巨大的乡土物种的生境，同时减少和限制扩散性的影响。

图框10-2
环境评价中生态分析的样本要求

- 一张显示该地块的土地覆盖或者植物类型或者生态属性的图，诸如独特的栖息地或者稀有物种出现的位置，以及周围的环境。这项要求旨在建立一个并入全市或全县范围地图中的特定地点的研究信息圈，进而这张图可用来帮助规划未来特定地点的工程项目。

- 一张每种栖息地类型发展前后的面积变化图。这个"计算"方法明确了栖息地受影响的程度以及发展在多大程度上会影响栖息地的质量。

- 场地内任何稀有或者濒危物种的鉴定；他们需要的栖息地、生活条件以及资源；并提出避免影响这些物种的措施。

- 讨论拟议的发展会如何影响场地外的生态系统——诸如，通过削弱或者加强栖息地的连通性或者改变养分流失的概率。

- 建议讨论通过生态修复、土地保护或其他努力减少对场地生态完整性的损害。

下一步，通过制定解决方案以减少损失，例如重新种植植被或者采用人工湿地治理污染的径流。最后，补偿一个值会同时提升另一个值的水平——例如，通过恢复一片土壤退化的区域。可以肯定的是，各种"生态属性"是不能互换或者完全分开的。然而，如果一块场地被修整供人使用，人们必须做出权衡。虽然真正复制天然栖息地是十分困难的，但某种"万无一失"的做法是建立在常规的实践之上的，而这些实践常常不能确认生态价值的损失，更不用说这些损失发生在何处。

该章节至此，我们着眼于在已开发或未开发的土地中保护本地物种及生态系统的途径。现在我们再次回到本书第二个主要议题：保障人类社会免受自然灾害。

在生态学语境下保护人类安全

1993年，洪水贯穿美国中西部，摧毁超过1000座堤坝，损毁超过70000幢房

图10-7　密苏里州，切斯特菲尔德的土地，在1993年洪灾期间曾经是不到10英尺（3米）的水域，而现在是700万平方英尺（65万平方米）的新商业空间。

屋，并使50余人遇难。

在密苏里州的切斯特菲尔德，密西西比河和密苏里河交汇处的附近，有一座当地的地标Smoke House市场淹没在超过10英尺（3米）的水中。该市场因为在其标志处有一只巨大的猪而很容易被人辨识。幸运的是，当时该市场只有很少的近邻，且市场周围有很多土地是农田。十年后，这个洪泛平原成为全美最大的带材零售中心——7万平方英尺的新商业开发区中的一部分坐落于此。为了追求税收和就业，地方及州政府不仅允许在密苏里河洪泛平原上采取粗放式的发展，还使用公共基金来补贴大型堤坝及立交桥的建设以促进当地发展。这并不是一个孤立的案例：在切斯特菲尔德，至少有10个主要开发项目在人们驾车可达的范围内，其中不乏是公共的政府补贴项目。这些项目预计使14000英亩（5600公顷）的农业洪泛平原实现城市化，而这其中大部分在1993年是在水下。当新的防洪堤提供给这些发展一些保护时（至少能等到下一次大规模的水灾来袭）他们也将加剧洪水在其他地区的严重程度并且提高整条河流的水位，并降低下游所有防洪堤的有效性。

在密苏里州，离阿诺德三十里远，当地社区以一种非常不同的方式回应1993年的洪水，该社区在洪水易发区域拥有85间住宅，2家企业和143间移动住所。两年后的阿诺德，当另一起大规模的洪水袭击该地区时，很少有人员疏散，沙包堆砌或救灾的需要。我们能从这两个案例中学到什么呢？

首先，在灾害多发的地区为极具破坏性和造成巨大损失的自然灾害设置舞台。譬如，光20世纪90年代，美国在1992年的安德鲁飓风中损失了30亿美元的财产，在1993年的密西西比河及密苏里河大洪水中损失了16亿美元，在1994年的北岭地震中损失了20亿美元以及在其他更多的灾害中损失了数十亿美元。一次一次，结构的防御，诸如水坝和海堤都给人一种安全的错觉。根据自然灾害专家雷蒙德·伯比所言，"因为人们不相信结构性的保护是有限的……我们已经发现结构物实际上诱导增加了而不是减少了危险区域灾害发生的可能，而当严重的洪灾或者飓风真实发生时，损失将会是灾难性的。"

不幸的是，许多当地政府不管这些灾难性的损失，没有将有意义的自然灾害预防计划整合进土地利用的项目中去，即便当时存在丰富的资料可供参考。譬如，2001年一项在南加州的地震规划研究揭示，在1971年该地区发生大地震之后，我们能更好地利用地震数据，而且能够提升建筑规范要求来改善结构的抗震能力。然而，这些信息基本上没有影响规划、分区和土地利用的决策。许多当地政府看起来根本无视自然灾害的威胁，直到它们真正发生。到时也许会有一个赶在其他议题被提上日程之前采取行动的机会。

从历史上来看，由于洪水易发地区的农业经济效益以及交通等其他优势，人们曾利用过这些地区。其他灾害易发区域同样也有着吸引人的一面，诸如从陡峭的山坡望去的美景，在一片（易发生火灾的）森林深处隐居所带来的惬意。可以肯定的是，规划师和开发商必须权衡在灾害易发区域人们活动的生态效益以及由此带来的负担。但是，那些声称由自由市场来决定灾害易发地区开发与否的人们当想要从政府干预中争取自由时他们是虚伪的。事实上，纳税人好几次资助了灾害危险区域的发展：首先，提供防护结构，基础设施以及公共安全确保开发在那里展开；其次，当灾害发生时，资助公共及私人财产的重建；最后，承担由于灾害防护由一个区域转移到另一个区域所产生的间接成本，或者可能在之后造成更加灾难性后果所产生的间接成本。牢记这些议题证明，即便在很窄的范围内来看，想在灾害多发地区不受限制的发展也是不可能的。

在生态学的语境下保护人类及其财产的努力可归纳为两个词：区位调节和规划设计。通常管理者在影响区位分析中扮演着重要角色，而工程师，建筑师，景观设计师以及开发商则在设计中占据主导位置。灾害易发地区的区位条件常常通过地形、地震、土壤、植被、气候等模式图来分析得到。规划师之后能够通过以下措施避免或者限制高危地区的发展：

- 拒绝资助灾害多发地区的发展（像切尔特菲尔德做的那样）取而代之地使用公益基金来购买土地、开发权或者这些地区的房屋（像阿诺德做的那样）；
- 划分区域，禁止灾害最易发生地区的发展，或者至少限制那些不太容易受到严重损失的地区发展；
- 告诫公众关于自然灾害的危险或者要求向准购房者披露灾害声明。

假设发展发生在一个特定的灾害多发的位置，精心的设计可以减少保护区暴露于危险的机会并最大限度地提高防卫能力（指的是一旦发生灾害时保护开发区的能力）。设计方法包括建筑布局，景观设计，建筑材料及朝向。下述的讨论提出了一些关键的可以帮助保护人类免受自然灾害的区位和设计因素。虽然这些技术许多是显而易见的，但值得注意的是它们是如何被忽略的。在第4章，讨论以古希腊的四种自然要素展开：土、气、火和水。

土

自然灾害规划中，地震和山体滑坡可能是最重要的两种土地灾害类型。地震图可以帮助识别具备相当多的（虽然不是很精确的）地质断层和地震多发区域。土壤易发生液化的特性——由震动引起的土壤颗粒的重排所导致的土壤承重结构的损失——可以在土壤分析图中被识别，进而可以通过区域规划或者其他法规来遏制这些危险区域的发展。设计师可以结合各种结构和建筑功能来帮助房屋承受地震活动、保护当地的居民；在很多地震多发区域例如加利福尼亚，这些措施已经是许多建筑规范中的一部分了。

在任何给定的场地中，坡度和土壤类型是两个影响地面破坏可能性的重要因素。最近了解到在亚拉巴马州的亨茨维尔市的Monte Sano Mountain，滑坡沿山体撕开了一个700英尺长的条带，而前不久人们忽略了这样危险的因素，在山的另一边刚刚完成了开发。该市在全市范围内修改了其有关陡坡上建筑的分区条例来回应自然，环境发出的警告。当房屋建在滑坡多发地区时，工程解决方案，诸如改建和挡土墙建设，能够稳住基础，但这些常常需要付出干扰自然栖息地的成本代价。

气

大多数与飓风相关的死亡和财产损失是由风暴潮引起的，但是强烈的风和飞舞的残害也极具破坏性。识别哪些地区最容易出现沿海风暴和风暴潮是相对简单的，分区措施可以被用来在风暴潮频发的地区减少或禁止开发。从海岸线退回一定距离（在海潮时最大洪水高度之上）设置构筑物，以及保持它们的自然沙丘形态可以让海滩沙丘吸收能量，同时能够在风暴潮来临时尽量减少水土流失。这些做法可能会限制滨海地区的发展（和盈利），但是风暴的破坏无疑会在这些地方发生，这迫使规划师无论如何需要引导开发者远离这些地区。关于其他类型的风暴诸如龙卷风，很难或者不可能划定特别高危的某一狭窄区域。在这种情况下，规划师和设计师必须转向设计，而不是以减少某个地区的财产损失和人员伤亡风险的解决方案为目的。在所有受到大风暴威胁的区域，结构应当能够抵抗强风且门窗的设计应当可以保护居民不受飞来碎片的伤害。

火

如先前讨论的，无论人们是否将自己置于火灾多发的生态系统中，野火都是一个威胁。几十年来当人们的消防措施使可燃物的量累积到能够引起大量的巨型火灾时，其危害更为严重。虽然可以通过不在火灾多发地区建设来避免这种危害，但是这样的措施在某些地方是不现实的，诸如高速发展的南加州地区以及拥有很多干旱的火灾易发生态特点的大都市丹佛和盐湖城。当在这些地区开发时，设计师应考虑在开发区周围创建不易着火的缓冲地带。譬如，道路、运动场、需灌溉的风景区，以及自然或人为的水体都可以作为开发区和火灾多发区的缓冲地带。另一种方法是除去人工燃料或在邻近开发区的土地上进行周期性的可控的焚烧。一旦过量的枯死植物和其他燃料被去除，这些缓冲地带便不太可能维持能够蔓延至开发区的大火。最后，由于野火在山坡和冲沟漫延地特别迅速，所以在火灾多发地区开发商需要避免在山坡和冲沟区域建设。

一旦选定开发地区，场地设计对于保护构筑物免受山火危险至关重要。保护目标是在每一处构筑物周围创建"防护空间"以减缓野火蔓延，且便于消防活动。例如，在科罗拉多的博尔德开展的减缓野火项目建议在火灾多发区域的每一幢构筑物周围设置三段防护空间。在最贴近房屋的区域，可燃物锐减且留有消防员工作的明确的空间。在最初的3~5英尺（1~1.5米）应清除所有植被，而接下来的6~8英尺（2~2.5米）应有低矮的例如草地覆盖防火材料。在"过渡区"——构筑物向外75~125英尺（20~40米）的区域中，需要修剪移除低矮植物和会让火从地面蹿到树冠或者屋顶的"阶梯状的燃料"。因此，灌木和小乔木应被移除，较大的树木则应截去其较低的分支且种树应相隔较远使得其树冠不易相互接触。房屋所有者也需要注意他们房子附近的其他可燃烧源，诸如木堆、棚子和室外家具。

最后，在过渡区之外，上述讨论中所提到的更多的森林管理经验应当被要求用以保护开发区域。其中的一些设计建议与本书别处提到的注意事项相冲突，譬如保留多样的原生地被。这些冲突表明，当人类生活在有潜在危险、干扰多发的环境中时必须做出权衡。它们还表明当务之急是生态和人类的安全不是在这些地区搞建设。

许多显而易见的能减少野火危害的建筑设计方法常常被忽视。例如在火灾多发地区，砖或石头是比木头和塑料（燃烧时有毒）更合适的建筑材料。因为屋顶通常最容易受到火灾威胁，所以应当使用耐火的屋顶材料，阁楼空间应当被密封以防止火星和灰烬入内。窗户和玻璃门也容易受到威胁，我们可以通过使用热反射玻璃和耐火卷帘来保护它们，也可以通过在其周围提供额外的防护空间来保护它们。其他附属设施，如阳台、烟囱、围栏和电线杆，也必须慎重地选址和设计，以最大限度地提高房屋的安全性。

水

在美国，纵观所有的自然灾害，洪水导致的财产损失是最大的。在美国和加拿大，绝大多数的洪泛地区都被标出，即便随着时间的推移，实际的洪泛区域由于其流域内条件的变化极易发生改变，尤其是在开发区增加的那些流域内。然而，这些地图的存在，让规划师很容易通过叠合与规划地块相对应的联邦或州的洪水覆盖地图来规划该地的发展。在这些地区，可以直接禁止开发，或者要求提高预期的最大洪水位。某些辖区还要求提供防洪蓄水的补偿（例如人工湿地）来弥补因在洪泛地区开发所造成的损失。

　　本章重点强调了一些规划工具和设计技术，它们能够帮助土地利用专家打造具备生态兼容性的开发区、社区以及整体景观环境。这里的目的不是为了展示所有这些工具的详尽列表，而是给予规划师、设计师和开发商一些具体的例子，证明他们可以在自己的工作中运用他们对于生态进程的理解。本书的最后一章是一个互动的规划和设计练习，它给读者一个机会去实践上述观点。

第 11 章

实践原则

"Gestalt"是一个德语单词，它是指"一个统一的整体……是一个不单单只是其组成部分的总和的整体。"这个词可以描述那些寻求把生态的教训纳入其工作的规划师和设计师们所面临的挑战。如同这本书已经表明的，以生态为基础的规划不能仅仅简化为如配方一般的条目。规划很少有明确的答案，却有很多的不确定性。因此，设计方案必须是依据目标场地的特点并且与周围环境相协调的。除此之外，规划者和设计者还必须平衡生态因素与方案的其他目标。不幸的是，这些目标往往是相互排斥的。世界需要从景观设计师这里得到整体的，以生态为基础的解决方案。

对于20世纪中期的规划师来说，"Gestalt"，意味着单纯地划分土地之后便通过直觉得出解决方案。这种很大程度上依赖于个人判断的"Gestalt"规划已经在很大程度上被通过多年实践得出的经验性规划流程所取代。新的设计流程中用到的实际数据，公众意见和明确的决策方法使规划设计更加合理。这种更加系统化的设计方式是以生态为基础的规划的精髓：由于与规划相关的生态因子十分多，因此掌握清楚这些因素是否都得到了解决，如何解决的，依据是什么至关重要。与此同时，直觉和智慧的相辅相成依然重要，但他们应遵循和借鉴生态分析。因此，让我们在进行设计训练之前先回顾一下这本书中生态课程的重点（图框11-1）。

图框11-1

我们可以通过学习生态学得到什么：

- 生态系统一般按照一定的模式运作，但也可能起着很大的作用。生态群落和生态系统是非常复杂的，我们对他们的理解也是不完整的；

- 周围环境和历史文化对于确定目标场地的生态形式与功能起着重要作用；

- 有以下几个重要原因要保护本地物种和生态系统：它们既提供有价值的（有时是不可替代的）生态系统服务和其他经济利益，又是人类的审美基础和精神食粮；

- 长期生态完整性取决于四个因素：物理环境的完整性，原生生物的完整性，栖息地内景观的规模和配置以及景观的内容；

- 规划必须基于可以获得的对此地生态最佳的认知，它可能是一些众所周知的事实和工作小组得出的假设的集合；

- 为了确保人们的健康、安全、福利，规划者和开发者必须知道他们的生态邻居—周围的生物和非生物；

- 自然保护区和开放空间，可以实现人类以及本地物种的许多不同的需求。人们应该在他们的规划或设计时明确这些区域的功能目标；

- 许多规划和设计方法以及其他等待开发和完善的技术目前还在实践中。这些方法和技术可以帮助规划者和设计师运用生态学完善他们工作。

　　设计练习依据规模分为两个不同的部分：（1）一块场地的规模——开发人员，工程师，景观设计师和开发审查官员们通常都是基于这个尺度来工作的；（2）直辖市或县的规模——这是许多规划师工作的重点尺度。这个练习的场地设定在美国东南部的阿巴拉契亚地区（Appalachian）的一个虚拟乡村。虽然在练习中描述的场地实际并不存在（如有雷同，纯属巧合），对于物种和生态系统的描述是精确到每一个细节的。这个练习中囊括了许多美国北部目前正在面临的真实的生态规划问题：飞速发展的大都市；正在发展的休闲区；道路网将原本完整的自然生态系统划分为一些小块；农业生产与脆弱的水域相邻；有人管理的与无人管理的，公共的与私有的树林混杂在一起等。当你进行这个设计练习的时候，想想这个虚拟场地和你的居住地之间的相似性。

第1部分：场地住宅开发规模

现状

假设你的公司已被聘请来设计一个位于治加索山西麓（Jigsaw Mountains），占地128英亩（52公顷）的新住宅区。开发商（客户）希望该项目在郊区靠近休闲设施的区域提供一个大家庭和小家庭组合的聚集地。他希望将市场定位在附近大城市的上班族（约30公里，向西），早期退休人员，以及那些想要"远离一切"的在郊区有第二套房的人们。

你刚读完这本书，你很想要在你的设计中运用这些生态设计的知识。作为项目的首席设计师，你向你的客户介绍了这一方法的基本原则。你强调避免自然灾害、维护未来居民发展的重要性，并指出，鉴于国家近年在其综合规划中明确说明了资源保护的重要性，花在保护场地自然资源上的努力可以缩短项目工程的时间。此外，你还向你的客户解释了关注生态的发展如何降低施工成本。这些讨论对开发商很有意义，他喜欢关注生态的设计。他还看到了一个对于他的开发很有前途的营销角度，"与自然融为一体"。

如果你的真实身份是开发商、规划组成员、项目监察员或当地居民，以设计师的角度来做这个练习将使你对"生态化设计"的认识更加全面。

第一部分A：问正确的问题

在工作的开始，你会得到测量员提供的一些具有代表性的现状图，显示地块的边界线、道路和等高线（图11-1）。虽然建设规划往往主要基于最基本的场地信息，但在设计中我们需要更多有关生态的信息。在规划场地之前，有什么问题是你认为需要弄明白的？进行练习的下一步前，请花几分钟的时间写下这些问题。

第一部分A的解答

想要研究好生态，你需要努力做好很多调查，包括关于目标场地的边界线、边界内外的环境以及场地以前的状态和规划的状态，来评估通过自然进程和演替可能受到的干扰和影响。这样做将能够帮助你履行一个场地规划者的责任：保障人们的健康、安全和后代的福祉。此外，为了保护和恢复本地物种及栖息地，你需要场地关于物种丰富度、生态状况以及对其的保护等级，并且在

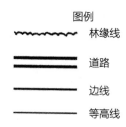

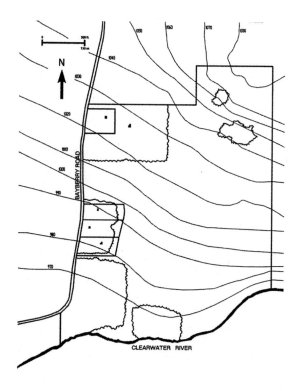

图11-1 现状图。这张图类似于场地测绘员在规划之初为设计师准备的表明场地现状的图纸。它包括明确的边界线、道路和等高线，但没有生态信息。你认为在进行生态化设计之前还需要什么其他信息？

地图上合适的地方标注这些信息（这种信息的来源和收集方法参见附录B的第2章和第7章）。

自主地提出并且回答这些问题会为你的生态化设计提供良好的基础。场地地图（彩图11）和生态环境地图（彩图12）提供了简明的答案可以为练习的第二部分提供必备信息。

目标场地中会发生怎样的自然灾害？

要回答这个问题，需要研究目标场地的外环境在改建之前和之后的情况。通过研究，你会知道，这个场地东部和北部的国家森林和私人木场会经常发生森林火灾。一些地区会有意地烧毁一些灌木来扩大野生动物栖息地或增加木材产量。而另外一些火灾则是由于人们不小心引燃了大量可燃物造成的，这类火灾十分危险并且对森林造成的损害数十年也难以消弭。你还可以从场地中许多倒下的树木中推断出，土体失稳和大风在场地中地势较为陡峭的区域是很常见的。在尽职的调研中，你也许会考虑到一些其他的自然灾害，如洪水和飓风，但你会发现这些自然灾害在目标场地是不太可能发生的。

场地的生态现状是什么？

这个问题可以通过使用航拍照片或卫星影像结合实地调查来回答。在这个场地中，河岸带包括一块用篱笆围起来的农业区和一片成熟的滩地阔叶林。场地的东北半区是一片刚形成二十年的松栎林。这片森林中有一个独特的露出石灰岩的沼泽生态系统，这里有草地，有多种野花和动物。这些生物都能够生活在炎热干燥的气候和贫瘠多石的土壤环境中。常年流淌的溪流在场地边缘又形成了第五种截然不同的生态系统（彩图11）。

本地的重要物种是什么？包括那些罕见物种、关键物种、保护伞物种和占主导地位的物种。这些物种在当地是否能够存活？他们是孤立的、大群体的一分子或是濒危群体的一部分？

你请了一个生态学家来帮你回答这些问题，他确定了场地内有几个重要物种。他的研究表明，每年冬季濒危物种印第安纳蝙蝠（Myotis sodalis）会在场地以南的国家森林公园的洞穴中冬眠。它们需要在附近的河岸和山林中栖息和觅食。蝙蝠栖息在树皮剥落的枯树或半枯的树上，这样的树在如目标场地这样的成熟阔叶林中十分常见。阔叶林也是几种帕乐松蝾螈的栖息地。它们是无肺的两栖动物，通过皮肤呼吸，需要生活在有潮湿的树木残骸的成熟森林。石灰岩质的林间空地中生长着一些罕见开花植物和苔藓，它们只能生活在这个独特的环境。最后，场地东南部的溪流就像其他未受人类破坏的河流生态系统一样，有多种多样的软体动物和鱼类。其中许多物种仅仅生活在地球上几个很小的区域。作为一片地貌被严格控制的区域，农田和松栎林为那些十分常见、缺乏物种多样性价值的动植物提供了舒适的栖息地（这一问题超出了此次练习的研究范围，但在实际的规划项目中，这将是普通的物种研究后的一个重要步骤）。

目标场地所处的时间、空间环境分别是怎样的？

环境研究的重点方面包括外界干扰、自身演替、附近土地的利用及保护状况、景观的延伸、河流和养分的来源及流向。我们已经讨论过了林火和土壤的不稳定性以及大风这些重要的自然灾害。然而，一些生物的活动也会对生态系统造成干扰。各种各样的昆虫和真菌会危害目标场地附近的大片森林，其中包括南方松甲虫、舞毒蛾和炭疽菌。并且，不久之后它们可能就会蔓延到目标场地。这一地区的森林演替变化一般会按照第4节中描述的模式进行。在大面积砍伐或严重的自然灾害后，干燥的向阳坡上往往会生长各样喜阳的落叶树和松树，如水松和火炬松。如果没有像火灾、除草、选择性砍伐这样的天灾人祸，这片树林会成长为场地东部的那种松栎林。在潮湿的南部场地，自然演替会将现在的树林变成一片橡木和山胡桃木的混交林。

场地环境的其他重要方面参见彩图12。这张地图表明，场地的东、北、南三面都毗邻大片未开发的土地，虽然这些土地大多被规划为木材采伐场。在西部，森林、农业和发展中市郊混杂在一起。上游的伐木工程会造成淤泥和除草剂农药随小溪流入目标场地，这有时会影响场地中水流的质量；而从场地西面的农田扩散出来的农药对场地中水质的影响更为严重。

目标场地的生态系统现状如何？

回答这个问题的时候至少要考虑四个因素：外来物种的入侵；原有物种的消失；化学污染和营养负荷；生态系统的分裂。在物种入侵方面，葛根算得上是一个阔叶林的大问题。除此之外，农场旁种植蔷薇和忍冬等灌木已经蔓延到周围树林的灌木丛。这个场地中缺少的最重要的物种是食物链顶端的掠食者，如曾经栖居在这里的灰狼和红狼。由于他们的离去，白尾鹿等草食动物的数量激增，这影响了森林中植物群落的结构，甚至使一些草本植物赖以生存的林地受到威胁。

谈到化学污染和营养负荷，你了解到定期的伐木与杀虫会使流沙和污染物顺着河流进入我们的目标场地，但是对于溪流的生态系统来说这并没有什么坏处。在我们这个练习中，酸雨是一个外来的污染源，它源于场地以西数百里的城市。最后，生态系统的分裂对于场地的影响是必须考虑的。一方面，该场地的东部地区是大片连续的未被开发规划的森林；另一方面，这片森林中有大部分都是被砍伐过的，从而降低了它作为景观内部动植物栖息地的核心价值。

在规划实施后，人类的活动会怎样改变或影响场地的生态环境？

要回答这个问题，你不能仅仅研究目标场地，而要把眼光放得更加长远。你需要考虑此次规划对当地的影响如动植物的生长和市政的发展模式以及对整个区域以及全球的影响（如气候变化）。在研究对地方级的影响是，你需要查阅区县城镇的区划图，回顾当地的发展趋势并进行预测。同时，你还需要将现在土地利用现状图与二十年前的图进行对比、分析。这些信息会表明，郊区和远郊已经开始从西向我们的目标场地扩散；农业用地逐渐转化为森林或用作经营的公园；并且场地的北部和南部存在一些自然保护区，但西部却是没有的。气象学家们预测，由于全球气候暖，在未来的一个世纪美国东南部可能会大幅度增温：平均气温上升5℉~9℉（3℃~5℃），夏季热指数（表示热不适的值，包括温度和湿度）会增加10℉~25℉（6℃~14℃）。这些气象学家们在场地东南部的湿度变化上没有达成共识，但他们普遍认为这片区域会有更多的降雨。其中一个气象学家认为，场地东南部会在干燥的气候下从森林变为草原。

场地以前是什么样子的，有没有可能让它恢复成原来的样子？

场地内残存的植物群落和生态研究可以为观察过去的生态系统提供一个窗口。1800年之前，阔叶树（包括现在几乎已不存在的美国板栗）是森林中的优势植被类型。灾害不仅来源于自然，也来源于美国土著对火的随意使用。如果隔离掉这些灾害，场地内的森林将随着时间的推移变得像一个典型的老龄森林，有众多的古树、枯木，以及多样化的森林群落。当然，也是有机会发展成当地其他森林的样子的。

哪些会影响这块场地的人为因素是可以改进的？

显然，设计者不能忽视这些被认为是发展规划的人为因素，如分区、发展交通运输、供给清水和处理污水的基础设施建设、公共设施和服务的完善以及其他的一些经营设施。然而，由于其他规划师们对于这些项目已经出了很多规划文本（因为他们是设计师的教育培训标准的一部分），我们不会在这里讨论它们，除非它们是在这个生态化的练习的基础上完成的。

第一部分B：开始规划前的准备

你现在已经对场地的生态构成、功能和背景有了一个基本的认识，于是你可以开始着手准备一个以生态为基础的场地规划。如上所述，开发商想建一个提供各种房型的郊区住宅区，他希望这个居住区能够吸引居住在郊区的上班族、提前退休人员以及计划在郊区置办第二套房产的人群。目前对于该场地的分区有两种不同的方案：

1. 传统的"农村住宅"的布局。让单个家庭住房达到5万平方英尺（1.15英亩或0.46公顷）的地段。
2. 新型居住区规划。单元的总数等同于方案一，但别墅或单元楼（每栋楼最多包含四个单元）的建筑面积小于1万平方英尺。并且必须为居民提供开放空间以及社区服务或娱乐设施。

根据这两种不同的分区方案、客户的意愿和你对场地生态环境的了解，你将如何规划这个场地的发展？试着勾勒一个显示出建筑物的位置、路网大致布局和保留地的场地初步规划（你可能需要使用描图纸和现有规划图，或指明场地生态信息的图纸的放大复印件）。草图画好以后，除了您的草图上所显示的内容，还应该考虑些什么其他因素？

第一部分B的解答

彩图13、彩图14和图11-2分别阐释了三种不同的场地规划方法。图11-2所示的传统土地分区规划是按照第一种分区方案（大量5万平方英尺的独立房屋）设计的。这样的设计忽略了这本书中讨论的原则，并将营造一种对人类和其他动植物来说十分贫乏的环境。例如，场地北部和东部的橡松混交林是容易发生火灾的，但其中并没有提供消防缓冲区域，如此便对居民的安全和财产形成了隐患。此外，尽管我们的目标场地有优美的风景和自然环境，该规划并没有设置适合居民享受大自然的设施。

从生态的角度来看，这个计划的最大缺点是它几乎将自然栖息地完全转化为房屋、道路和草坪。因此，大多数原有的动植物以及林间空地、阔叶林和橡松混交林都将会消失。场地内成熟的阔叶林的消失，可能危及栖息在附近的蝙蝠群的存亡。虽然图上显示这个规划保留了一些小树林，但仅有一些能够生活在人类活动区的动物可以在这样的绿地中生存。

其他两个设计都是依据前文提到的方案二（绿地环绕的别墅和居民楼的居住组团）进行规划的。具体参见彩板13的"农村式集群"和彩板14的"村落式集群"。这些设计都基于场地生态环境的三个重要元素：

1. 选择一个不过多占用空间的发展模式：新型居住区规划（PRD）对于分区的设计比图11-2所示的传统农村住宅规划更加生态化。传统的设计中住宅和道路覆盖了整个场地，而新型居住区规划则将建设集中在场地中环境最合适的区域，从而为本地物种和生态系统留出不被开发的保留地。设计师在寻求发展与自然环境的协调时（以及规划师试图鼓励生态化发展时）应灵活利用如PRD、保留地（集群化建设）和开发权转让等方法。

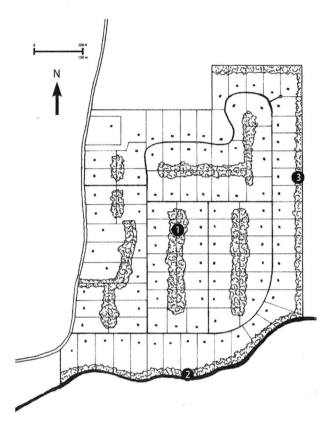

图11-2 传统的详细规划。这一规划阐述了以"农村住宅"的分区规划为基础，在缺乏本书中论述的生态化设计的情况下，这块场地大概会被规划成什么样子。典型的传统详细规划中，整个场地将被划分为一个个独立的住宅区域。这样规划剩下的原有的植物群落①是非常小的，他们仅提供很小的生境价值。尽管当地法律规定须有50英尺（15米）的河岸缓冲区②，但在这块场地上仅设置50英尺则可能不能满足需求。在此处应提供一个栖息地廊道或污染物的过滤带。居民也有风险遭遇到野火，因为东部的房屋③毗邻一片广阔的易燃的松栎森林，但并没有提供缓冲保护。最后，这一规划并没有为居民提供可以使用的某自然区域。

2. 保护人类与生态环境有关的健康、安全和福利：经常发生在橡松人工林的火灾是这个项目最大的自然威胁。因此，为了保护人类的生命和财产，两个生态化的设计方案都在住宅和橡松林之间设置了缓冲区，像社区园林、道路、运动场和一个"绿城"。场地的南面对缓冲区的需求没有那么大，因为那里的天然橡木胡桃木树林是不易起火的。

3. 保护场地的重要物种、栖息地和生态系统：如上所述，场地中保护生物多样性最重要的部分包括在东北石灰岩林间空地（生长着一些珍稀植物）、在溪流附近的阔叶林（为印第安那蝙蝠和帕乐松蟒蝈提供食物和住所）以及溪流本身（生活着罕见的软体动物和鱼类）。为了保障这些生态系统，对场地的建设应该避开重要的动植物栖息地并且沿溪流设置缓冲区。此外，土地利用方式应尽量减少可能存在的泥沙、化学物质或污水进入河流。

在这三个要求的基础上，有许多设置道路、房屋、开放空间的方式，彩图13和彩图14表现的便是其中两个方式。从生态的角度来看，农村集群规划（彩图13）有几个优点。第一，保持至少600英尺宽的溪流缓冲区（180米）。这足够在地表径流到达溪流之前为其进行过滤，并且可以提供一个含有森林生境的野生动物的活动廊道，同时还可使房屋与附近的国家森林之间拉开距离，因为国家森林中栖居着熊和狼。

第二，这个规划提出将溪流旁的农场恢复为落叶树林。这些区域目前是场地中连接东西两面的森林走廊中唯一的"缺失的环节"（另外，将这些区域退耕还林会减少化肥和农药对河流的污染）。

第三，该计划保留了河流和东北高地之间的一条颇宽的森林走廊，这将有助一些小片树林之间的连通性，即使周围的一些土地已经被开发或转换为不太适合野生动植物栖居的松树人工林。

最后，该计划保留一些场地内现有的农业土地，同时也引入了社区花园，使居民可以种植水果和蔬菜。在第8章中，我们提到过当地的粮食生产是可持续发展的一个重要方面；该场地规划因此着力于寻求保护自然栖息地和保护生产农用地之间的平衡。

村落式集群规划（彩图14）中的建设比农村式集群规划更加密集，并且集中在从前的农业用地。相对于农村式集群规划，这样的规划对场地中的栖息地以及场地以东的大片自然栖息地的影响更小。这种高密度的设计，许多房子聚集在公共开放空间周围，会给居民更多"邻里"的感觉。然而，所有住宅距场地东部的自然森林的步行时间都不超过二至三分钟。

农村式集群和村落式集群都使重建和管理面临一些挑战。比如在农村式集群规划中，在场地的西南角仅有少数几种可行的退耕还林的方案。一种是单纯地停止农耕运作等待大自然的自我重建；另一种则是直接在原先的农田中种上树苗。考虑到预算限制以及计划退耕还林的区域周围就有大片已经发育成熟的落叶树林，相对"放任"的方式看来是比较可行的。然而，为保证不会有外来的侵略性物种入侵以及土壤不被风化侵蚀，初期管理也是必需的。

作为一个设计师，你也许需要在场地的农林用地的长期管理构架方面与开发商和当地官员合作规划。是谁拥有并决定这片土地的维护方式？是否需要将维护方案作为规划的一部分并一同完成？谁为这些维护买单？谁来解决维护过程中出现的问题？居民将在维护场地生态环境及公共设施中起到什么作用？第9章中关于场地维护中的一些内容会对你回答这些问题有所帮助。

第2部分：聆听生态，规划发展

在第6章中，我们认为规划保护生态多样性最有效的方法是着眼于景观规模。一个比这小之又小而近乎被遗忘的着眼点就是一些重要的生态系统过程和生态流，或者是规划为数众多且广泛分布的物种种群的长期生存计划。着眼于稍微大些的规模有时候有利于理解和保护生物多样性，但是这通常与人们（包括乡下和城市人）决定如何使用土地的情况不一致，这也是此方法见效甚微的原因。当然，大范围视角能够通过小范围的规划反映出来的情况就是例外了。景观的范围，通常是指方圆几百英里或几百平方米；就人类而言，大概有一个县、几个镇或者一个州或省的一部分。根据你所居住的当地政府的情况，许多规划实际上发生在次景观层面（也就是英里或者平方千米）。只要这个次景观层面规划恰巧位于整个园林范围内，这种规划就与合理范围内的生物多样性规划相一致。

从以上的讨论，我们可以清楚得出：各市、县和地区负责规划的人员应该处于人们保护生物多样性的前线。这部分关于规划的练习为从以上规划者的视角实践本书的观点提供了机会。鉴于用几百几千平方公里或者平方米的景观试验地来进行规划实践根本不实际，本试验采用了一块稍小一些，大概50平方英里（即130平方千米）的试验地。将这个面积的试验地当成当地政府做的决定有利于更好地思考问题。例如，这种规模的土地规划可能是一份详尽的关于一个城镇、乡镇、小城市，或者某个县或地区的一部分的规划。

现状

作为公共规划机构的一名规划师，你可能会遇到要求你为大概50平方英里（即130平方千米或32，000英亩）的土地利用规划。计划要能反映未来20～30年的长期视角，将会成为政府区划图的基础，也将会是所有事关公共设施、基础设施投资、土地和资源保护以及其他政策的制定的基础。鉴于你们规划机构的任务和本身作为规划者的职业责任是保护包括原生物种和栖息地在内的自然资源，你们决定使用本书提到的生态规划法来进行规划。

第二部分第一点：提出正确的问题

开始规划时，你可以通过你所在机构的地理信息系统（GIS）部门使用规划师经常使用的数据库，比如：当地和地区的调查数据、州的经济统计数据和包括交通网络、土地利用情况、河流分布和税收分布图（即产权边界地图）等在内的多种地理数据层。除此之外，你筹划一个基于生态的规划还需要什么其他的地理数据层和信息？在筹划之前还需要问什么问题？在继续下一个步骤之前请先将这些问题的答案写出。

第二部分第一点的解决方法：

在市或县域内描述生态信息的一个好方法就是准备一幅带注解的平面图，既具备基本的环境数据资料，又带有用来解释重要的生态功能、生态过程和生态流的文字和图解。根据你所研究地区的生态系统的复杂性和你所能收集到的数据类型和数量，这项工作所涉及的图数可以多至一打或者更多，也可能只是三张而已。接下来，我们将会陈述我们认为与你们的研究领域密不可分的三幅图及一系列与之相对应的问题。这些问题、答案以及图应当用来阐述此次规划练习中社区层面规划的第二部分。

1. 局部生态情况

彩图15及其分析描述了当地植被群体和生态系统、生态过程以及受保护物种（彩图15）。基本平面图应当以尽可能详尽的语言描述植被群体、表层水体特征和分割景观的主要的人类廊道，例如道路。此外，此图还应当明确该研究区域内自然土地的保护和使用情况，从而有助于表明土地现状并推测未来可能出现的生态完整性。因此，局部生态分析图包括对于生态系统及其功能的描述和对于地区内人类的描述。此地图及其相对应的分析是回答下列问题的。

表现了什么生态系统和植被群体？

彩图15中的八个土地覆盖分类首次提供了研究区域内不同的生态系统类型。落叶林、混合林、针叶林这三种森林类型是按照管理程度由弱到强的顺序排列的。例如，大部分硬木树管理很粗放，只是偶尔用来伐木、狩猎或休闲娱乐，但是许多常绿植物都是着重管理的商业松树植被。每个生态系统都包括一个时刻变化的植被群落混合体，这个植被群落受自然干扰、人类干预以及树木的层出不穷的影响。也有许多不大但是很独特的植被群落，一般是由于特殊的土壤或区域小气候形成，例如河岸冲积平原上的植被、森林中石灰岩集中区的空地和山脚的小块草地。这些规模稍小的生态系统可能不会在次景观层级图上表示出来，但识别它们仍然是很重要的。因为这些生态系统可能蕴藏着尤为丰富的生物多样性。研究区域内人类主导的生态系统包括农田和开发地。

表现了哪些受保护物种？

正如第5章中讨论的，受保护物种通常是珍稀物种、关键种和伞护种。本范围内包括在221页已讨论过的印第安那蝙蝠（Indiana bat）、火蜥蜴（Plethodontid salamanders）、淡水软体动物和鱼，以及石灰岩空地中生长的花草在内的珍稀物种。我们认为有两种伞护种不值得讨论。一种是活跃在研究区域东部边缘到国家森林间的黑熊（Ursus americanus，美国黑熊）。因为它们需要大片不能有公路通过的空地作为栖息地（通常多于5000英亩，也就是2000公顷），栖息地既有能够满足季节性觅食需求的种类繁多的森林植被，又有巨大根系和树腔洞穴的演变后期的植被。另外一种是生活在图示地图中两条河南岸的布鲁克林鲑鱼（Salvelinus fontinalis，即溪红点鲑）。此物种生活在凉爽、氧气充足、水底碎石广布且是水塘或浅滩式的溪水中。因此，以上两种伞护种不仅是相较于其他敏感淡水物种而言的伞护种，更是整个流域水质的检测仪。橡树（Quercus species）是硬木树和混合树林中的一种关键种，它的果实橡子为众多鸟类和哺乳动物提供了重要的食物来源。

这些受保护物种是否属于当地种群？它们是独立存在、大种群的一部分还是集合种群的一部分？

规划师甚至是生态学家们不可能马上得出这些问题的答案，但是通过检测研究区域内外受保护物种的分布情况和物种丰富度，还是能发现一些线索的。例如，野外指南上介绍火蜥蜴生活在潮湿的硬木林，一生之中只活动在附近的几十米内，你可以就此推测所研究区域内的火蜥蜴有很多次群体，群体之间因不适宜的松树林或者干燥的橡树林基质的干预而独立于彼此。根据典型区域内火蜥蜴的生活范围或者群体密度的信息，你也可以推断出硬木林中哪一部分能够维系这些两栖动物的长期生存。同样道理，知道黑熊的活动范围大概仅限于11～15平方英里（也就是28～40平方千米），你可以推测出此研究区域内发现的黑熊属于活动在国家森林里的黑熊群体的一部分。森林管理人员也可以告诉你这个黑熊群体数量是在增加、基本持平还是减少。

这个景观生态系统的现状怎样？

正如本章先前讨论的一样，影响生态系统状态的主要因素包括物种入侵、物种缺失、化学污染、营养负荷，以及分裂。在规划未来发展和保护方案时，景观和次景观层次的分裂的数量和持续性就尤其重要了。例如，研究区域的西半部分正开始因十分重要的永久性发展用地而被分裂，而中心地区和东半部分的原生植被因农业种植和松树种植也被分裂开，与城市发展用地相比，这些土地使用可能没有那么持久，与原生生态系统兼容性也差些。另外，研究区域中部地区有一些以前建立的已经废弃的农场，现在开始恢复成森林。好的规划成果中的一个重要方面就是考虑以上这些以及其他因素将分裂带来的影响减少到最低。

研究区域内最重要的栖息地在哪里？

根据获得的数据，这个问题可以从几个不同方面回答。第一种选择就是：如果能够获得已存在的根据资料，那就根据这些来描述重要的栖息地（详见第7章和附录八）。如果这个方法不行，可以根据保护区的物种信息情况（例如栖息地的要求）和景观生态原则推测最重要的栖息地在哪。这些考虑都能让你总结出研究区域内最重要的栖息地，包括河岸林和河漫滩、林间空地以及其他罕见的小环境、与保护区相连的未加管理或者轻度管理的森林，以及距离南部自然保护区里印第安蝙蝠栖息的洞穴一英里之内的硬木林。这些区域在彩图15中用橙色圆圈表示。

研究区域内的土著生物多样性保护情况怎么样？

回答这个问题需要看看生态边界与人类边界的联系。正如彩图15中表示的，研究区域包括数量不多的为防止被开发而保护起来的土地，有一些国家森林并没有被保护起来。这两块被管理保护起来的保护区包括重要的栖息地，但是研究区域内其他具有生态意义的重要土地并没有被保护起来。除了检测这些土地的保护现状，其他具有保护意义和生态威胁的土地也应被调研，比如说，计划要修建的道路、下水道拓展或者市场压力，这些都能形成保护威胁。不过分区法或市场需求缺乏可以提供一定程度的保护（虽然通常只是暂时的或者不完全的保护）。

2．景观尺度上的生态

越过研究区域的边界在景观尺度上看待演变问题，使得我们可以考虑更广阔的土地模式和土地流以及在更长的时间框架内发生的土地演变过程。在这个层次上，勾画出反映局部规模的相同的基础数据会很有帮助，这些局部指的是土地使用或者土地覆盖、表层水体、道路、保护区和重要的栖息地。我们可以通过一个比较宽泛的尺度来实现这个目的（彩图16）。此次分析也应当考虑到来自研究区域外的一些妨碍本区域内保护和土地使用规划的因素，具体详见下列问题。

附近有没有重要的栖息地？如果有，它们与研究区域内的自然发展区相连吗？

如彩图16显示，有一些坐落在研究区域的北面、南面和东面的自然区域，目前与一些自然土地相连，并且未来也有可能继续保持这一状态。这些联系看起来对于维持研究黑熊栖息地和本研究区域内以及区域外附近的印第安蝙蝠群体之间的基因流很重要。除了联系之外，还应该注意到周边环境的大河、高速公路、城市、单作农场等障碍，因为这些障碍可能对研究区域内所做的努力造成负面影响。我们最终的目的是检测穿越研究区域两大重要河流走廊的景观状况：位于研究区域北部的河流有几个大坝和一个重要的顺流而下的水库，而位于南部的河流处于自由流动的状态。这些可能有助于在研究区域内优先进行水域保护工作。

未来哪些外界人力和自然力量有可能干预影响本研究区域？

外界有关因素随地点不同而变化，但是有可能造成以下影响：（1）临县或临州的树木染上重大病虫害或疾病，有可能传染到研究区域；（2）地区发展压力可能会影响研究区域；（3）州/省份或国家政策决策或者重大基础设施工程，如可以刺激新发展的道路建设；（4）全球气候变化。

3．当地自然灾害

为了完成保护人类健康、安全和利益的任务，规划师必须记录并且对抗一系列自然灾害。这一信息可以结合已存数据集合，例如美国联邦紧急情况管理局（U.S.

Federal Emergency Management Agency）曾根据美国水灾保险率绘制了100年以来的泛滥滩图示，加拿大根据洪水损失减轻计划（Flood Damage Reduction Program）绘制了泛滥滩图示，以及最受火灾、滑坡和强风等威胁地区的预估图示。对于还未用图示绘制表现的灾害，规划师可以通过使用造成灾害的因素的数据层来预测受灾区。这些因素包括土地覆盖类型、斜坡和土壤。例如，根据以往经验可以得出：坡度超过30度、土壤类型为X型的土壤或者过去20年从未发生过火灾的杰克松树林最容易发生具有破坏性的森林野火。彩图17是一幅关于研究区域内自然灾害的地图，展示了最易发生洪水、森林野火、滑坡和出现大型猎食动物等四种不同灾害的区域。

再次强调，以上三幅地图和一系列问题提供了我们认为进行生态规划所必需的最基本信息。它们无法取代传统的规划分析，只是作为其补充出现。

第二部分第二点：准备规划

美国认证规划师协会职业操守准则（The American Institute of Certified Planners' Code of Ethics and Professional Conduct）中对于规划师是这样描述的："一个规划师必须尤其注意各决策相互之间的关系。"也就是说，规划师从来不是只为一个目标而规划。生态保护也是如此。规划师要同时兼顾经济发展、承受得起的住房、交通便利和无数其他的目标。专利权的现实政策、当地居民反对改变以及当局和特派官员的安排形成另一个挑战，这是任何一个规划师都能验证的。这些挑战也激励规划师寻找解决方案，为这些经常产生矛盾的目标和利益相关者中找到一致之处。

"在有些地区，例如沿海地区和北部地区，人们通常已经就预测全球气候变化带来的影响达成一致，这应当成为分析的重要部分。在气候变化可能带来的影响没有达成一致的地区，你的分析应当多问一些常见的问题。"例如，"如果物种需要北迁来适应气候变暖，研究区域内及其附近有足够多的南北走廊供这些物种使用吗？"

为了使规划更加实际，我们为其他规划目标和必须牵扯到规划中的限制条件设置了一些基本参数和假设：

1. 此规划必须能够适应本研究区域内人口的增加计划，即从目前的1.2万增加到20年后的1.8万。

2. 社会目标是促使该规划寻找方法来增加经济适用房的数量、带来新经济和产业以提供工作岗位和提高不动产税。

3. 当地和州政府会给予资金支持来保护研究区域的4%的土地在接下来的十年间保持空地状态。

4. 当地的支持者和政客通常会反对那些他们认为否定或者剥夺个人财产权的政策。

始终牢记以上所述的这些参数和生态信息，你的土地使用计划会是什么样子的呢？在准备这部分规划练习的答案时，请注意计划的两方面：（1）设计一个通用的未来的土地使用规划，将根据不同保护和发展类型而设计的区域展示出来。你可能会用到描图纸或者一幅放大了的当地生态地图的复印件。（2）明确表达你认为将会指导未来土地使用所必备的政策。进入下一步答案之前请准备好地图和添加的政策。

第二部分第二点的答案

正如大多数规划师所知，有许多有效方法可以解决土地使用问题，每个方法都在平衡多种考虑时存在些许不同。因此，以下陈述的方法以及彩图18所展示的解决方法并不是唯一最佳方案，只是一个阐释了生态规划原则不错的答案。

在设计土地使用规划方案时，描述土地使用的顺序不同极有可能会影响最后规划结果。例如直到最近，规划师才普遍开始着重关心住宅区、商业区和产业区应该分布在哪里；结果，基础农田的扩展区和生态意义重大的河谷已经竣工，而少产的或者环境敏感的地点本可达到同样的效果。生态规划是根据不同的思考模式来操作，它通过优先考虑人类需求和生态需求来实现土地资源利用最大化。换句话说，鉴于保护地是多样竞争土地使用（物种在其生活的地方最容易实施保护，而保护生态系统只能通过保护该物种存在的土地）中可交换性最低的土地，优先选择并标示出这些地区就理所当然了。同样，即使农田土壤会是不错的建筑选址，还是应当秉着保护农业的理念保护农田。一旦这些固定的土地使用方式确定下来，规划师就可以将剩下的土地根据住宅、工业区、休闲区、二级保护区和农业区域等用途进行划分。如彩图18所示的多样土地使用需要注意以下几点：

- 保护区。最重要的保护地应该享有最高级的保护（例如全部保护），在彩图18中，中等绿色代表这一部分地区。这些地区包括彩图15中标示的"重要栖息地"和其他一些类似于滨水森林、蝙蝠窝周边森林，以及研究区域中部地区的脊顶森林等具有多重生物多样性的地区。两个相对较大的社区里都有小规模的保护区，这样当地居民可以很轻松地接触到大自然。最后，两个镇中心北部偏东处的一片泛滥滩也被划入保护地，是为了防止泛滥滩不良发展，保护彩图16中顺流而下的水库中的水质。

  虽然土地获取资金有限（这也是为什么只选中整个研究区域的4%的土地），我们可以采取发展权转移（TDR）等其他土地保护策略来引导在非重要生态区域发展。就像第10章中讨论的一样，发展权转移允许土地所有者将土地所有权从"送出土地"、不谋求发展（浅绿色图示）到"接受土地"、完全适应发展（棕色图示）。这样，土地可以通过不动产交易得到保护，既无须政府资金支持收购，也无须否决土地所有者在发展权转移送出土地时的财产权。如彩图18所示，发展权转移可以帮助保护保护区周边的"缓冲地"，并且引导发展远离对环境敏感的脊线区和上游源头区森林。发展权转移送出区也包括两大基本农田区，这里极好的土壤和进水体系非常适合农业种植但是不适合发展。因此，在第10章讨论过的景观内保护和发展规划言论中，发展权转移并用来保护二级栖息地和集中产业土地。送出地和接受地在聚集自然土地，农业用地和城镇用地，减少栖息地分裂在特定地区维持一个农业"大集合"以及获得紧凑型发展模式中固有的高效率中起到了重要作用。

- 其他郊区土地。如彩图18中所示，这些地区也是用来做二级栖息地和集中产业区的，只不过与要被收购而标示出来的土地和通过发展权转移送出的土地相比，是优先级低些的土地代表。与之相一致，在郊区住宅发展并不像在发展权转移要送出的土地区域那样，被限制发展。鉴于研究区内这样的土地占最大比重，提出有效的能够指导这里发展的政策就变得尤为重要。住宅区划分的最小面积是一个最重要着眼点，应该基于图框10-1所图示的因素之上。郊区的其他土地应该也是允许和鼓励保护分支设计、实施绿色制图方案的绝佳地点。这些政策可以帮助减轻新发展带来的痕迹，确保建筑物和道路建设在区域内对环境敏感度最小的地区。一幅全区域的绿色制图能够设计出二级保护走廊，在受保护度高些的保护区周围增加缓冲区。

- 目标开发区。彩图18中棕色部分表示的是未来的高密度开发区，同时也是发展权转移接受地区，即作为从发展权转移输出地购买发展权的交换，开发者可以高密度建设此地，从而保护了土地。如地图上显示的，为高密度发展而指定的地区大多数临近居住地，也就是说，道路、污水处理设备消防站等现存的基础设施都可以服务于开发过程。

虽然这种发展模式对于吸引新开发以及临近现有的定居点具有很强的诱惑，却也并不能满足所有的市场定位。人们搬到研究区域的原因之一就是想要享受自然风光、休闲娱乐和感受国家森林的美。因此，两个大型开发地都选址在郊区但没有重要保护特色的地方。这些地方可以开发公寓、高尔夫球场、旅游区或者是其他一种通过促进因地制宜开发发展、能够同时满足住宅和经济目标的综合社区。最后一点，在实际土地使用规划中，将划定为未来高密度发展区的土地进一步划分为不同类型的住宅区和商业区是毫无意义的，为了简单起见，我们这里将这一步省略了。

　　为了实施生态规划，在基于平面图的土地使用规划之外，应该有额外的政策作为补充来指导未来的开发和保护。交通和道路建设政策对于融合生态和人类需求很重要，但是经常被忽视。因为道路经常会切割栖息地而且会带来新的发展机会未来有可能会继续切割栖息地，当地道路政策的一个合适的着眼点应该是划定某些地区为无公路区。实施无公路区的政策有助于防止公共资金投入到公路建设上，也就是一定程度上防止了主观促进切割重要栖息地的行为。例如，在研究区域中间部分沿着山脊建设一条南北走向的公路（详见平面图上1附近的道路）可能会促进集中程度，但是就我们对当地生态的了解，这个地方是尤其不适合修路的地方。因此，研究区域中间部分的脊线部分和东南角的发展权转移输出部分应该划为不适合接受公共资金支持建设新道路的地方。

　　第10章中讨论过的其他生态规划方法也适用于本研究区域。以覆盖区形式出现的环境保护分区可以用来限制彩图17中标示的一些多灾区的发展，例如泛滥滩和易发生水土流失的斜坡。生态敏感区发展实践的要求以及使用原生物种进行绿化和地点设计有助于减轻开发地对原生物种的负面影响。最后，对于研究区域中有火灾危险的部分，应该设立政策使用火灾缓冲带、低易燃性建筑材料和其他设计方式来保护新开发，使其免受森林野火的威胁。

编后记

　　无论从哪个角度看北美大陆，其景观复原力都十分突出。在废弃的农田里和草地上，一旦农忙结束了，树木就会以令人吃惊的速度迅速恢复生机、森林从被伐倒之处傲然耸起、木屋逐渐瓦解、融入自然景观中。在人类以适当量耕作过、砍伐过或者居住过的地方，生态系统总会自我修复或者依靠来自人类的一些帮助恢复回原样。

　　但是现在的城市、城镇和郊区有林立的道路、停车场和混凝土的建筑，它们和农场以及森林完全不一样。被铺平了的土壤再也无法支持植物生长；阳光炙烤着路面和房顶；水流从都市园林流入我们铺设的管道中，既没有补充蓄水层也没有为栖息地提供水源。因为它们如对生态系统产生深远影响，我们的城市和城镇不会像对待泥路和几个世纪前的木屋那样放松对土地的管理。另外，现代土地使用模式漠视栖息地、人口甚至是整个物种，进而经常缩减未来生态系统修复所需的基石。

　　现在我们所做的决策，在哪里修道路修建筑、是分开还是连接栖息地、如何管理生态系统中的火灾和洪水等，都会改变未来的景观全景。如果对于决策不谨慎，我们留给子孙后代的将会是有着支离破碎的景观和不健全的生态系统的破烂的陆地。随着景观改变，我们的自然世界观也会随之发生变化。在假设童年生活在自然环境健康、纯朴的前提下，心理学家彼得·卡恩（Peter Kahn）描绘了每一代人的成长过程。但是在每代人的成长过程中，从童年到成人阶段，人类对自然世界的影响日益扩大、加深，与他们父母的成长环境相比，下一代的儿童所成长的世界具有较少的生态完整性。对于新一代人，我们也假设他们童年时的景观是健康的。因此，随着时间的推移，我们社会对于健康的生态系统构成的理解和期望大幅度降低。

我们要留给子孙后代什么样的景观？他们又有什么可以留给他们的子孙后代？我们如何维持健康的具有生物多样性的原生生态系统并且恢复退化的生态系统？或者我们会允许我们的景观遗产比我们遗传而来的还要糟糕吗？通过融合生态和保护的深刻见解并应用到土地使用决策中，现在的规划师、设计师、开发商以及参与其中的市民可以帮助建立一个支持健康的人类社区和健全的生态社区的北美景观全图。

附录A：北美的生物多样性现状

每个大洲都有其独特的生物多样性，北美也不例外。我们的大陆经过人类的耕耘确实产生了许多改变，但即使在今天，许多景观依旧保持着自然或半自然甚至微自然状态，并且仍然存在于大陆的每一个角落上。该附录描述了存在于北美和欧洲大陆的一些特殊生态环境的生物多样性模式。

北美生物多样性的模式

广义上的生物多样性模式是指，整个大陆生物群落的分布或主要的生态系统类型（图A-1）。在地图上可以看到，美国的生物群落总是沿着南北方向的一系列带状区域分布，而加拿大的生物群落则往往是沿东西方向分布。

生物群落的类型是由综合因素决定的，主要因素是温度、降水、土壤类型和历史情况则扮演次要的角色。加拿大北部和阿拉斯加，一年当中的多数时间均受到严寒的影响，并在生长季节短暂以及降水因素的影响下，在极地附近形成了没有树木的苔原地区。根据一些传统的分类方法，苔原地区从未有某一个月的平均温度超过50°F（10°C）。在苔原地区的南边，生长着巨大的北方森林，并且这些森林环绕地球，横跨北欧、西伯利亚以及北美。虽然这里气候相当干燥，最热的一个月或几个月的平均温度均高于50华氏度，但是这种气候却使原始树木得以生长。

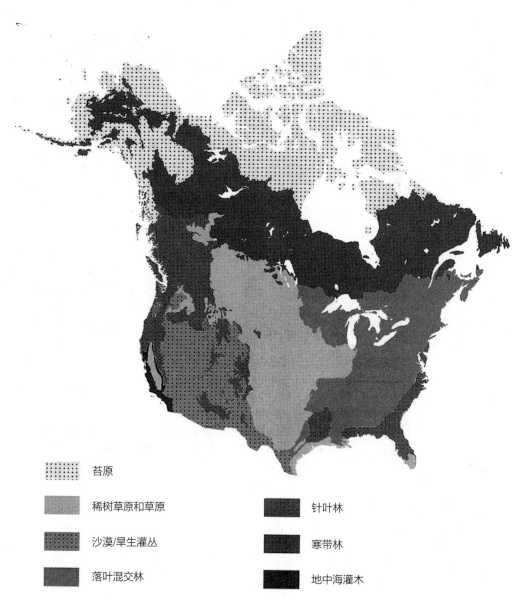

图例：

苔原

稀树草原和草原

针叶林

沙漠/旱生灌丛

寒带林

落叶混交林

地中海灌木

图A-1 生态学家根据生态单元即生物群落对景观进行分类。这张地图显示了北美生物群落的分布。[由泰勒H·里基特等人修编，北美陆地生态区：保护评估（华盛顿特区：岛出版社，1999）]

再往南，在盛行西风的气候类型和大陆主要南北走向山脉的相互作用下，形成了巨大潮湿的森林带，干燥的灌木林带，潮湿的草原带和热带稀树草原带，并且潮湿的森林景观覆盖了从西到东的区域。温暖、潮湿的空气从太平洋席卷而来，到达

图A-2　单个生物群落可以包含几个生态区，其中每一个都有可能包括具有显著差异的生态系统和栖息地，正如该照片中的山地森林和草地。

海岸山脉，经过上升，冷却，在大陆的西部边缘形成降雨。主山脉以东，干燥的风仅仅在海拔最高地区，如沙漠、灌木地，或草原环境中起作用，却不能带来供应森林生长的雨雪。只有在美国的东部地区和加拿大，这里的水分从墨西哥湾向北流再向东聚集，才能够使落叶森林生长。

　　生物群落地图仅仅粗略地描述了景观的实际样子。每一个生物群落，如冻原或针叶林，都包含多样的栖息地——一个由正常环境条件物种以及干扰过程组成的相当大的包含特殊自然群落集合的陆地区域。而且，人们在更精细的尺度上，发现了坐落于每个栖息地的不同类型的生态系统。各种类型的湿地，各种类型的森林或草原以及各种其他生态系统，都存在于每个栖息地和生物群落中，并且丰富了这些栖息地的物种多样性（图A-2）。

　　传统上，环保人士曾经使用政治边界作为普遍分析的基础，例如描述安大略省鸟类的数量或者北卡罗来纳的物种。即使在今天，这一方案仍有重大的历史意义。这些历史数据被逐州逐省地保留下来，并且把最近收集的数据与历史数据进行比较的这一做法是有巨大价值的。但现在生态学家和环保人士认为政治边界可能是武断的，并且可能会产生生态上的误导。然而它在创造具有内部一致性以及不同于邻近地区的可识别性的生态特色区域上有着重大意义。因此，北美的环保组织，包括世界野生动物基金会和美国大自然保护协会，最近已经开始规划生态区，并且这两个组织都已经开始把建立生态区作为北美环境保护工作的基础。

北美的生物多样性的特点

北美拥有一些世界上最伟大的生物多样性宝藏，值得一提的是，北美人在保护地球生物多样性上扮演着十分重要的角色。此外，具有显著全球性和地区性的生物多样性并不局限在大陆的某几个部分：每一个在北美地区的区域和生物群落都包含着重要的物种和生态系统。以下的信息来自于这三个渠道：美国大自然珍贵遗产保护协会，北美大陆的世界野生动物基金会和美国地质调查局（U.S. Geological Survey）以及国家生物资源的现状与发展趋势一文。

阿拉斯加和加拿大北部

世界上最大的原始森林位于加拿大北部和阿拉斯加地区。这些原始森林包括大面积的森林和其周围的苔原，以及一些完整的大型食草动物群体，如大驯鹿群、北极熊和灰熊、狼。迁移的驯鹿群覆盖超过600英里（1000公里），是平原上一个突出的生态学现象。在这里，一些世界上最丰富的鸟类繁殖地一直延伸到遥远北方的冻土区域。北方的沿海地区则是一些高聚居性的大型海洋哺乳动物的家园。

美洲西海岸和加拿大南部

美洲大陆的西海岸是各种各样的植物物种和生态系统类型的家园。世界上最完整的温带雨林沿海岸向英国大陆、华盛顿、俄勒冈州和加利福尼亚州延伸。地球上最高的树红杉（Sequoia sempervirens），可达到330英尺（100米）高，与其他一些高大树种一起生长在这片森林里，比如花旗松（Pseudotsuga menziesii）和西加云杉（Picea sitchensis）。加利福尼亚州不仅是世界上的五个地中海气候区之一，也是重要的全球植物多样性中心。

美国西部

西南部的奇瓦瓦和索诺兰沙漠有着丰富的动物和植物资源，同时黄石地区是一个相对完整，庞大的生态系统。美国西南部"天空岛"的隔离，即被广阔沙漠所分离的山脉，导致了进化的多元化，尤其是在不容易分散的小动物和植物中。

美国中部和加拿大中南部

这个地区曾经是世界上最大的草原之一，虽然现在它主要是被东部种植玉米和大豆的田地以及西部的稻田所覆盖。不过，在较高的中西部，草原壶穴区域是一个大量迁徙水禽物种迁徙的重要停留点，是世界上一个重要的迁徙区域。如普拉特河对于沙丘鹤而言，也是一个重要的迁徙停留点。

美国东部和加拿大

美国东南部的森林非常多样化，孕育着广泛多样的树种和其他维管植物，这些森林里也有大量的蜗牛和两栖动物物种，并且东南的淡水河也孕育着世界上种类最丰富的淡水软体动物。此外，令人惊讶的是，在过去的一个多世纪里，大陆东部大片的森林由于大部分地区的农场被人们遗弃而再生。

物种的数量

美国和加拿大都拥有大量的本土物种。尽管这两个国家都占有世界上7%的土地面积，美国却拥有更多的物种。考虑到两国不同的地理位置，产生这种差异是在意料之中的，因为在温带地区，其地理位置越靠近赤道地区，远离极地地区，物种的数量就会越多。

不同的生物群落有着不同的分配模式。例如，在哺乳动物，爬行动物和蝴蝶这些物种中，美国西南部有着比两国任何地区都高的物种多样性。与此相反，在树、其他维管植物、两栖动物、蜗牛、淡水鱼、淡水蚌类和小龙虾这些物种中，美国东南部则拥有最多的物种数量。事实上，东南部是世界上最富有淡水蚌类和小龙虾的地区，并且在这些群体（和淡水螺）中美国拥有的物种比其他任何国家都要多。美国所拥有的针叶树和淡水鱼的数量甚至超了其土地容纳最大量。并不是所有群落均会显示物种丰富度的南北梯度：在大陆的西部，许多鸟和树种甚至是在加拿大遥远的北部被发现的。

在北美特有现象的模式

特有物种或被限制在一个地理区域内的物种分布，是生物多样性的另一个重要方面。特有现象可以发生于具有不同地理规模的地方；一个物种（或亚种或属）对于一块草地、一个州、一个栖息地、一个国家、或者一个大陆而言，都可以是特有的。

因为北美许多物种的广泛分布，相对来说很少有物种对于一个栖息地来说是特有的。然而，在某些地区，某些物种确实比其他物种有更高级别的特有现象，而这些地区往往是在美国的南部。例如，哺乳动物在美国南部有着最高级别的特有现象，尤其是在美国西海岸。蝴蝶和爬行动物最高级别的特有现象则在西南部，并在奇瓦瓦沙漠到达顶峰。然而，在一个单独的生态区，这些群体中没有一个群体的物种种类超过七种。

相比之下，两栖动物和蜗牛的特有现象在阿帕拉契山脉是最突出的，并且蜗牛在夏威夷有着最高级别的特有现象。在美国东南部，淡水鱼、螯虾和贻贝有着最高级别的特有现象，并且在俄亥俄流域，其他许多蚌类也有一些特有现象。此外，来自这些群体的物种特有现象比哺乳动物、蝴蝶和爬虫类的特有现象要更多。阿巴拉契亚/蓝岭森林栖息地有21种特有两栖动物物种和122种特有蜗牛，并且田纳西的坎伯兰的水生生态区域是67种特有鱼类、40种小龙虾、20种淡水贻贝的家园。

一些树种的特有现象在美国东南部、奇瓦瓦沙漠和夏威夷特别突出，同时东南针叶树森林群落拥有26种特有树种。其他维管植物的特有现象在东南和西南山区都特别突出，其中在针叶树森林群落和科罗拉多高原东南部灌丛带群落中有着超过200种的特有维管植物。夏威夷的特有植物是相当多的，它的四个生态区中每一个都至少有100种特有物种并且其中两个生态区可拥有超过400种特有物种。美国东南部和西南部和夏威夷等这些特有物种数量多的区域，对全球生物多样性保护起着十分重要的作用。

现状和未来趋势

虽然北美拥有许真正的物种珍宝，但当前生物多样性保护的前景在许多方面都越来越黯淡。尽管人类几千年来都在影响着北美的景观风貌，但自从欧洲移民者来到这里，人类改变景观的速度、数量以及持久性确实是令人惊讶的。大多数环境保护者认为，今天在北美对生物多样性威胁最大的是原生栖息地的丧失和外来物种入侵。尽管没有原生栖息地丧失和外来物种的威胁大，过度捕猎和污染同样对生物多样性产生了威胁。全球变暖也可能会成为这个世纪最大的威胁之一，然而尚不清楚它将对世界的生物多样性产生怎样的影响。事实上，如果能够对其进行隔离或通过生态学家给予的一些帮助，很多本地生态系统是可以应对这些威胁，并显著恢复的。

在本节中，我们将讨论美国和加拿大的生物多样性的现状趋势，并对栖息地的丧失和外来物种的入侵问题进行特别关注。

高草草原

96%以上的高茎草草原在北美已经消失。高茎草草原曾经覆盖了近1.67亿英亩（6800万公顷）的土地，相当于得克萨斯州的大小，但是今天却只剩下不超过500万英亩（200万公顷）相当于马萨诸塞州的大小。有几个州和省份的情况更糟糕：伊利诺伊州、印第安纳、爱荷华州、北达科他州、威斯康星州和马尼托巴省都失去了99.9%以上的高茎草草原。玉米和大豆现在已经覆盖了几乎所有的土地，占据了这些生态系统曾经存在的地方。

湿地

1780年，毗邻美洲，有超过2.2亿英亩（8900万公顷）的湿地。两个世纪后，这些湿地一半以上都消失了。佛罗里达和得克萨斯都损失了超过750万英亩（300万公顷）的湿地，相当于马里兰的大小。此外，7个州——加利福尼亚州、伊利诺伊州、印第安纳州、爱荷华州、肯塔基州、密苏里州和俄亥俄州都损失了超过80%的原始湿地。

美国的原始森林

根据保育生物学家瑞德·诺斯领导编写的一个文献综述，整个美国85%～90%的原始基础（处于原始状态的）森林被毁于1990年代初。然而在其他48个州，情况更糟：在1990年大约有95%～98%的原始森林被毁，包括东部的99%的原始落叶森林。然而，在美国东部，生态学家发现许多之前未被发现的小块原始森林，即使它们的面积很小。

加拿大的原始森林

根据诺斯和他的同事们的报告，各种研究人员估计1990年加拿大原始森林的损失约为48%～60%。然而自那时起，已经有许多工厂大规模砍伐加拿大沿海的热带雨林和北方森林来制作木材和纸浆，因此现在这一数字可能也有所增加。

完整的栖息地

虽然一些大陆地区保留了大量相对完整的栖息地，但其他的地区则出现了显著的退化，事实上，一些地区甚至没有剩余完整的栖息地。世界野生动物基金会团队将完整的栖息地定义为"相对不受干扰的地区，其特点是保持最原始的生态过程的和大部分本地原始物种群体。"世界野生动物基金会所提供的地图显示，大陆的北部包含完整栖息地的比例较高。然而，加拿大南部和美国相邻区域的模式则表现得更加复杂。一般来说，美国的东半部和太平洋沿海地区栖息地的丧失比例比美国的西部和西部的部分大草原栖息地更高。虽然小面积的完整的栖息地仍分散地存在于大陆上，但草原地区的几个州和省也表现出非常严重的栖息地丧失。

附录B：数据源

保护目录和数据库

国家野生动物联盟的保护目录。这个目录允许人们在加拿大和美国寻找环保组织。人们可以根据位置，组织的类型（联邦、州和地方政府、非政府组织等）和感兴趣的话题来搜索。目录包括联系信息，如电话号码和网址。http：//www.nwf.org/conservationdirectory。

环保在线。大自然保护协会的网上图书馆（TNC），环保在线是一个快速增长的文件的集合，包括一些关于TNC的生物群落规划的成就和一些优秀的地图。如果TNC已经完成并发布一些你的研究领域的规划，这是当地生物多样性一个很好的信息来源。http：//www.conserveonline.org/。

地图和航空照片

阿特拉斯的生物圈。威斯康星大学环境研究所的可持续发展和全球环境中心（SAGE）组建了一些很好的关于人类土地利用、土壤和植物特性、海拔等的地图。最好使用IE浏览http：//www.sage.wisc.edu/atlas/，地图部分请参见http：//www.sage.wisc.edu/atlas/maps.php。

缺口分析程序（Gap）。美国地质调查局的生物资源部门创建了缺口分析程序，以确定缺口在被保护区网络的位置（特定本土物种没有被适当保护的区域），这个网站有进入差异分析程序的链接，其中有许多免费的土地覆盖数据，规划师可将其用于城市或国土的规模及水域方面的工作，http：//www.gap.uidaho.edu/。

地理信息系统（GIS）的数据。大多数州和省、许多城镇、城市、县都有GIS部门并能够提供很多有用的信息。你可以联系当地的相关部门来获得他们拥有的数据。

国家地理地图机器。这个网站有很好的地图，包括一些有关整个世界上独立的生态区域的优质的信息，特别是在北美。http：//www.nationalgeographic.com/wildworld/terrestrial.html.下面的网址提供了额外的地图：http：//plasma.nationalgeographic.com/mapmachine/。

Terraserver。这个网站提供了大部分美国分辨率为一米的免费彩色或黑白的卫星图像。http：//terraserver.microsoft.com/。

大自然保护协会。TNC提供来自美国和加拿大的显示不同生态区的清晰地图，在美国邻近区域进行管理以及其他有用的特性。最好的使用IE浏览器查看。选择URL：http：//gis.tnc.org/data/lMS/下面的"TNC日常项目"。

美国联邦应急管理署（FEMA）。联邦应急管理局提供整个美国指定洪水危险区域的地图。http：//www.fema.gov。

美国地质调查局（USGS）。美国地质调查局提供卫星图像、航空照片和地图，用于购买和下载。http：//earthexplorer.usgs.gov。

美国国家湿地目录（NWI）。NWI提供一个交互式的湿地地图以及GIS数据。http：//www.nwi.fws.gov。

美国自然资源保护服务（NRCS）。NRCS提供了大量的地图，包括土壤地图，以及访问北美植物数据库的链接。http：//www.nrcs.usda.gov/technical/dataresources/。

物种和生态协会信息

自然遗产项目。每个州和加拿大的11个省份和地区都有一个自然遗产项目。这些项目提供位于一个地区的生物多样性的深入信息。Nature Serve（见下面的入口）是这些项目的信息交换所：http：//www.naturereserve.org/visitLocal/index.jsp。

Nature Serve（大自然保护协会的一个分支）。"Nature Serve explorer"
是一个关于美国和加拿大物种和生态系统的巨大信息数据库：http：//www.
natureserveexplorer.org/。它使用起来会很麻烦（你或多或少地需要知道你寻找
的东西），但是一旦你熟悉了它，你可以获取大量的信息。Nature Serve的主页，
请参见http：//www.natureserve.org/。

美国动植物卫生检验署（APHIS）。APHIS提供入侵物种的深入信息。这个
美国农业部的分支时常更新，并在新虫害和疾病的爆发上提供非常及时的信息。
http：//www.aphis.usda.gov/。

美国林务局（USFS）。USFS有一个巨大的有关本土树种信息的数据库。这个
数据库，很少或根本没有图形，是个体树种的信息宝库——包括有关不同树种在火
灾生态学上的极佳材料。http：//www.fs.fed.us/database/feis/plants/tree/。

术语表

生物多样性：完整的生物多样性，通常被定义为地球或某一特定区域内所有生物物种及其遗传变异和生态系统的复杂性的总和。

生物扰动：在植物、动物或病原生物的增殖对自然群落产生改变作用的过程中，正在进行的或不连续的事件。另请参阅"扰动"词条。

生物群系：由相似的植被类型定义的一个广阔区域，如森林、草原或苔原。

生物区：在一定范围内所有的生命体。

生物性：与生命体有关的。

群落：在某一区域内生活并相互作用的所有的有机体；或者说一个生态系统的所有生物组成部分。

保护地役权：在土地拥有者和地役权拥有者之间具有法律约束力的协议，用来限制可能在土地拥有者的土地上发生的动用土地一类的活动。一片土地的保护管理权交易通常会被禁止或限制，以保护其价值，或将这种土地用作森林、农业或自然栖息地。

保护细分：一个细分留出很大一部分来开发场地并作为保护性的开放空间。这类开发空间通常由小块土地上的集中房屋来完成，最好是在环境敏感度最低的土地上进行。

保护目标：生物多样性保护中特别重要的一个元素（例如有机体或自然群落的数量）。保护计划通常专注于具体的保护目标。

核心栖息地：自然保护区的景观保护和发展规划区域。

生态廊道：一种窄长形的景观要素，连接两个或两个以上的斑块或穿过基质。道路、河岸、灌木篱以及自然栖息地条带都是廊道。另请参照"基质和斑块"。

生态干扰：任何能显著改变环境条件或生物群落可用资源的因素。生态干扰可以是自然物理事件，如飓风、泥石流、火灾；自然生物事件，如病虫害或疾病爆发；或人为影响因素，如耕作、伐木和采矿。干扰的规模可能是很多种。

干扰机制：干扰的模式、规模、频率及其随着时间的推移干扰对一个区域影响的变化。不同的生态系统有不同类型的干扰机制——例如一些系统频繁遭受小型火灾，而另一些系统会遭遇罕见的暴风雨。

优势物种：该物种由于数量大或其所代表的生物量大，从而对其所在生态群落产生重大影响。

生态群落：见"群落"。

生态性的尽职调查：了解生态的形式、功能及在拟定方案前，规划研究区域的过程。其关键点是理解干扰的自然过程，以及可能在研究领域影响人类社会的自然演替。

生态健康：一个土地使用标准，需要人类做到：（1）避免土地的不可逆或长期退化（如土壤流失或有毒污染）；（2）防止消极的外部影响，如污染和栖息地的分裂。

生态完整性：在生态系统中维持其自然结构和功能，并能在最小人工干预的情况下维持自身发展的条件。一个生态系统的完整性是基于一些因素如生物群（基因、物种和群落），物理环境（土壤和水）和生态系统过程（生物的相互作用，营养流动和能源动力）。

生态：一个旨在研究、解释和预测物种间相互作用，及物种与非生物世界相互作用的广泛的科学。

生态区：一个绵延数百英里或公里的土地，由几个不同的景观组成，但是有共同的环境条件、物种和干扰过程。

生态系统：一群生物及其生存的非生物环境，包括土壤、水、营养、气候。森林、草原、沙漠、湖泊都是生态系统。

生态系统服务：为人类提供经济利益的生态系统功能，比如洪灾的控制，水的净化和营养的循环。

边缘效应：在生态系统中，边缘位置与中心部分的物理和生物过程不同的现象。边缘效应包括微型的气候，增长的掠食行为，或高比例的外来物种。

边缘栖息地：位于两个土地覆盖类型之间的边界（如农田和森林）的栖息地，并从边界扩展到几十至上百英尺外。同时，边缘效应体现在栖息地内。边缘栖息地往往出现在受人类活动影响的景观中，通常来自毗邻的城市、郊区，或农业用地。

边缘物种：占据边缘栖息地的物种。

地方物种：只在特定的地理区域出现的物种。一个物种（或属或家族）可能是极小的区域内的特有的，如一个岛屿，或是在广大区域内特有的，如整个大陆或半球。

富营养化：营养的富集。通常指农田肥力流失，污水排放或其他来源的人类活动所造成的污染，而产生的营养富集的水体，从而导致这些水体中杂草丛生，鱼类死亡及其他的生态改变。

外来物种：栖息于但非原产于本地的物种。也被称为引进物种或非本地物种。

旗舰物种：有魅力的物种，如美洲鹤和熊猫，它们可使保护项目获得公众的支持。

食物网：在群落中物种间捕食的相互作用。

破碎化：人类的土地，如农业或城市用地，将原栖息地划分为不连续用地的过程。

差距分析：一种通过鉴定受到发展和退化威胁的有生物价值的土地，来优先满足土地保护要求的方法。

通用物种：动物可以通过捕食不同的物种在不同的栖息地生存下来，与专化物种相对而言。

基因多样性：基因随种群或群落中个体的不同而不同。

遗传漂变：随机过程所造成的不同遗传性状在群体中的比例变化。在低种群数量下，遗传漂变作用尤其显著。

绿色印迹：在亚景观尺度上创建的用于识别对生态保护很重要的土地，例如湿地、陡坡、稀有物种栖息地和稀有生态群落。绿色印迹可以用来指导远离敏感土地的建设，从而使交联保护网络在开发的土地板块中得以成形。

依赖植物集团：一群在生态社区内扮演类似角色的物种。

栖息地范围：由一对，一家，一种动物或动物联盟所使用的用于日常进食和避难的土地。

集约生产领域：环境绿化保护和发展规划中，设计出的用于农业或高强度的森林种植区域。

内部栖息地：位于远离人类城市开发或农业用地的自然栖息地，并且不受边缘效应的影响。

内部物种：需要内部栖息地提供食物、栖息场所交配或其他活动的物种，与边缘物种相对应。

引入物种：见外来物种词条。

入侵物种：可以迅速蔓延，并将其他原生物种竞争出局，甚至有时可以改变整个生态系统的外来物种。

关键种：虽然数量和生物量可能相对较小，但在生态社区中能发挥重要作用的物种。基石物种可以通过改变物理环境或在食物链的功能中发挥作用从而产生重要的作用。

景观：一个通常有数十英里跨度的区域，在该区域中本地生态系统或地形的组合通常以一个重复的形式出现。这一区域通常可以在山巅或飞机上一览无余。景观保护与发展规划（LCDP）：在景观水平上创建一个基于生态保护的土地使用计划，从而获得人类应该使用的土地区域，以及人类要以何种深度在该区域进行土地利用。景观保护与发展规划通常将景观分为四类：中心栖息地，二级栖息地，集约生产领域和城市用地。这是一个需要在小尺度上有更精细的计划来补充实现的长期计划（图10-2）。

景观生态学：作为生态学的一个分支，用来进行景观的形式和功能特性的研究。

土地适宜性分析：通过收集、分析和覆盖不同的土地特征来获取最优的水土保持、农业和其他功能用地的过程。这些土地特征包括植被，土壤，坡度。

大批分区：为了新的土地开发。分区需要大量的小面积土地。这种分区方式在北美因地而异；在东部，它可能是一到五英亩（0.4～2公顷），而在中西部和西部可能是20～40英亩（8～16公顷）。

演替后期物种：在阴暗的条件下发芽和生长良好的物种，区别于先锋种。

基质：在任意特定的景观生态系统中占主导地位的土地使用类型或生态系统。

集合种群：在特定的栖息板块生活的相关种群的集合。尽管每个种群都有灭绝的危险，整个集合种群可能作为个体来生存并从其他种群中开拓新的栖息地。

迁徙：生物从一个栖息地到另一个栖息地的季节性迁徙，通常沿着纬度方向或海拔方向进行。

最小动态面积：在自然演替和干扰过程中，不会消除特定生态系统中的任何物种或栖息地类型的合理且确定的最小土地区域。

最小存活种群：在长期阶段对于特定种群能够存续所需最小的该物种存活数量。

马赛克：在景观中土地用途和栖息地类型的不同组合，可以表示为补丁、走廊和矩阵。

共生物种：依赖于两个或更多种类栖息地的物种。

共生：通过两个物种之间的相互作用来给这两个物种带来好处的过程。例如，授粉动物和被传粉的植物都从他们的关系中受益。

原生生物多样性：产于一个特定区域的个体、群体、物种和生态系统（即没有被人类进行运输）。

自然选择：随着时间的推移，种群适应物理和生物环境的过程。

生态位：物种在生态圈中扮演的角色。换句话说，生态系统中每种生物生存所必需的生境最小阈值。

非本地物种：见外来物种。

非点源污染：污染来自于整个景观内的分散性源头，而不是来自一个特定的点源头。非点源污染的例子包括，沉淀物，石油，过剩的营养物质，以及来自农场、道路、草地和某些系统的化学污染物。

斑块：一个离散的土地利用、植被类型、或其他不同于周围矩阵的景观元素。

先锋物种：首次定居于一定区域并产生干扰的物种。先锋物种通常可以快速增长并具有抗性。

种群：生活在一定区域内的一个单一物种的所有个体，通常有别于其他种群。在一个种群内，个体之间的互作远远高于与其他种群个体间的互作。

原始有机物产量：植物将阳光转换为化学能储存在植物组织的过程。此外也指，在特定有机体，群落或生态系统中的植物生长总量（或能量捕获）。

购买发展权：政府或私人保护组织通过向土地拥有者提供资金来限制他们资产的土地保护方法。

接收区域：一块被指定为接收TDR项目中的高密度开发的区域。

土地再生：恢复被严重破坏地区的过程，这样就可以用作其他用途，即使它没有恢复到原状。参见恢复。

救援效应：一定区域内种群中的个体移民到附近的衰退种群中并助其种群恢复的过程。

生态恢复：生态系统恢复到原来的条件或状态的过程。

次级栖息地：在景观保护与发展规划中规划出用于缓解中心栖息地压力，维持生态系统活动，并为物种提供一个可以忍受较低或中等人类活动干扰的栖息地。次级栖息地通常包括低强度的发展，低密度的森林覆盖，或一些低影响的人类活动。

发送区：一块被指定为TDR项目中的保持其原来土地使用（如栖息地或农业）的区域。

移动镶嵌：在景观或生态系统中的个别斑块，从早期植被演变到晚期植被，或者相反，但系统作为一个整体仍保持均衡。

汇种群：不能产生足够的年轻个体来维持自身规模的种群；换句话说，该种群依赖来自附近的"移民人口"。

源种群：产生比区域内可以容纳的种群数量更多的年轻个体；这些种群将个体输送到汇种群。

专门物种：有着非常特殊的栖息地要求，或只吃一种或非常少的物种的动物，与多面手相对而言。

物种形成：从现有物种进化为新物种的过程。

物种：它是一群可以交配并繁衍后代的个体，但与其他生物却不能交配，不能交配或交配后产生的杂种不能再繁衍。这个定义，作为许多入门教材的特征，经常在实践中失败，因此生物学家已经创建了几十个用其他术语的定义作为物种这个概念的补充。在实践中，大多数生物学家根据他们的物理特性和遗传特征区分不同物种的个体。

物种丰富度：一个简单的生物多样性测试；在一个区域发现的物种总和。

生物跳板：在不适合的栖息地内一系列断裂的适合居住的斑块或岛屿。跳板可以帮助许多鸟类、昆虫和其他物种进行迁移和扩散。

亚种：一个种群的子群，和该物种有着不同的物理特征并存在地理隔离，但个体间仍可交配。不是所有的生物学家将亚种作为一个分类学中的类别。

自然演替：随着时间发展，在一定区域内生物演变的模式尤其是在一定干扰后。

可持续发展：人类长期经济繁荣和社会公平与生态完整协调发展。

开发权转让（TDR）：当在指定合适区域鼓励进行高密度发展时，一个可以用于从发展中保护农业用地的发展工具。开发权转让项目允许土地拥有者在其发展受阻的区域（常被称作发送区），将一些开发他们土地的权益直接卖给有积极开发价值的区域的开发商（常被称作接收区），从而将这些权利从一方转移到其他方。作为权力转移的结果，权力转移区得到了永久的保护，而权力接受区得到了充分的发展。

伞护种：目标物种的生境需求能涵盖其他物种的生境需求。如果这种物种在大种群水平接受了好的保护，许多其他物种也能得到保护。

城市区域：在城市或郊区，为保护地区景观和规划发展而被划为住宅、商业和工业的地区。

城市增长边界（UGB）：城市的预期扩展边界，边界之内是当前城市与满足城市未来增长半球而预留或大力阻止开发的土地。城市增长边界能够将城市增长限制在先前存在的城市及其相邻区域来阻止城市的无序增长。

分水岭：能够流入特定水体（例如湖或水流）的一片区域。

关于作者

丹·L·帕尔曼获得了生态学博士学位并成为保护生物学领域的专家。九年来，他在哈佛大学教授多领域背景下的生物学和生物多样性学。他与葛兰·艾德森（Glenn Adelson）共同执笔了《生物多样性：探寻价值和优先保护》（Biodiversity：Exploring Values and Priorities in Conservation，Blackwell Scientific 出版社，1997）他还与E·O·威尔森（E.O.Wilson）合作开发了一套互动教学光碟。这套光碟被全美高校广泛用于教授环境保护及生物保护课程。他在位于马萨诸塞州沃尔瑟姆的布兰迪斯大学教授生态学和保护生物学。

杰弗里·C·米尔德是一个规划师和保护主义者。他为政府部门、开发商及土地所有者开展了大量的土地规划设计项目。他在戴乐咨询公司筹备组建了社区及区域规划团队。这是一个位于马萨诸塞州的多学科背景规划设计、工程、环境科学公司。他毕业于哈佛大学，是美国注册规划师。目前，他正在申请一个位于纽约州伊萨卡康奈尔大学的环境资源博士。